高职高专计算机教学改革 新体系 教材

MySQL 数据库原理及应用实战教程

王永红　主编

殷华英　张清涛　副主编

清华大学出版社

北京

内 容 简 介

本书是省级精品在线开放课程"数据库技术"的教学改革成果和配套教材。本书将数据库原理、数据库操作、数据库管理整合为一体。全书分为五个项目共 17 个单元。

本书可作为技能应用型人才培养的计算机应用技术及相关专业的教学用书,也可作为数据库初学者的入门教材,或数据库系统工程师和"1+X"证书的培训教材,还适合作为使用 MySQL 数据库管理系统进行应用开发人员的学习参考用书。

图书在版编目(CIP)数据

MySQL 数据库原理及应用实战教程/王永红主编.—北京:清华大学出版社,2022.3(2025.1重印)
高职高专计算机教学改革新体系教材
ISBN 978-7-302-59953-1

Ⅰ.①M… Ⅱ.①王… Ⅲ.①SQL 语言-程序设计-高等职业教育-教材 Ⅳ.①TP311.132.3

中国版本图书馆 CIP 数据核字(2022)第 023352 号

责任编辑:颜廷芳
封面设计:常雪影
责任校对:李 梅
责任印制:宋 林

出版发行:清华大学出版社
　　　　　网　　　址:https://www.tup.com.cn,https://www.wqxuetang.com
　　　　　地　　　址:北京清华大学学研大厦 A 座　　　　　邮　　编:100084
　　　　　社 总 机:010-83470000　　　　　邮　　购:010-62786544
　　　　　投稿与读者服务:010-62776969,c-service@tup.tsinghua.edu.cn
　　　　　质量反馈:010-62772015,zhiliang@tup.tsinghua.edu.cn
　　　　　课件下载:https://www.tup.com.cn,010-83470410
印 装 者:涿州汇美亿浓印刷有限公司
经　　销:全国新华书店
开　　本:185mm×260mm　　　　　印　　张:16　　　　　字　　数:369 千字
版　　次:2022 年 3 月第 1 版　　　　　印　　次:2025 年 1 月第 4 次印刷
定　　价:49.00 元

产品编号:094926-01

前 言

FOREWORD

本书是省级精品在线开放课程"数据库技术"的教学改革成果和配套教材。本书适用于高等职业院校数据库技术方面的教学要求,同时满足"1+X"证书对数据库技术知识考核的要求。

本书共 5 个项目 17 个单元,结合市场需求和专业岗位需求,以 MySQL 数据库管理系统为主线,按照"数据库设计—MySQL 数据库创建—MySQL 数据操作—MySQL 进阶—MySQL 数据库管理"的数据库技术应用能力递增过程组织编写,以典型项目为主线贯穿整个章节,将实际项目引入模块训练,构建以工作体系为基础的课程内容体系。

各单元的具体内容介绍如下。

单元 1:介绍了数据库基础知识,包括数据库技术概念、特点,数据库系统的组成以及数据库系统的三级模式和两级映像等。

单元 2:介绍了数据库建模的方法,包括数据模型的介绍,数据库系统概念模型的设计方法,以及数据库系统逻辑模型的相关知识。

单元 3:介绍了如何将数据库系统概念模型转化为逻辑模型的方法。

单元 4:介绍了数据库的规范化,包括函数依赖相关知识,第一范式、第二范式、第三范式的具体要求以及关系模型规范化的具体方法。

单元 5:介绍了 MySQL 数据库的安装与配置,服务器启动、连接、断开和停止操作方法,如何创建和管理 MySQL 数据库的方法。

单元 6:介绍了什么是 MySQL 存储引擎,MySQL 的数据类型,MySQL 数据表的创建、查看、修改、复制、删除等操作。

单元 7:介绍了如何实现 MySQL 数据表的完整性约束,包括主键约束、唯一性约束、默认值约束、非空约束、检查约束和外键约束。

单元 8:介绍了 MySQL 编程语言的基础知识。包括系统常量和变量,MySQL 常用系统函数。

单元 9:介绍了 MySQL 数据表中数据的添加、修改和删除操作。

单元 10:介绍了 MySQL 数据的查询操作。包括简单查询、条件查询、查询结果操作、连接查询、子查询、合并查询结果。

单元 11:介绍了使用索引提高 MySQL 查询效率的方法。包括索引的创建、查看以及删除操作。

单元 12:介绍了视图相关概念以及创建和管理视图的方法。

　　单元 13：介绍了存储过程，包括 MySQL 流程控制语句，创建和管理存储过程的方法。

　　单元 14：介绍了 MySQL 使用触发器实现数据一致性的方法。

　　单元 15：介绍了事务的概念、特性，事务的开始、提交和撤销操作。

　　单元 16：介绍了 MySQL 数据库的备份和恢复方法，数据的导入和导出操作方法。

　　单元 17：介绍了 MySQL 访问权限系统，MySQL 账户的创建、修改、删除操作以及账户的权限管理。

　　本书配套资源丰富，内容包括电子教案、教学课件、单元导学案、微课视频、案例素材、试题库等。读者可登录"智慧职教 MOOC 学院"进行在线学习，课程网址：https://mooc.icve.com.cn/course.html？cid＝SJKCD435548。院校教师也可以通过"职教云"平台导入本课程开展 SPOC 混合教学。

　　本书由河北石油职业技术大学王永红担任主编，殷华英、张清涛担任副主编，张莉参编，郑阳平主审。王永红负责本书的整体设计和策划，编写单元 1～9 以及相应模块配套教学资源的建设；张莉负责单元 10 的编写以及相应模块配套资源的建设；张清涛负责单元 11～15 的编写以及相应模块配套资源的建设；殷华英负责单元 16 和单元 17 的编写以及相应模块配套教学资源的建设；郑阳平负责对全书内容进行编排和质量把关。

　　由于编者水平有限，书中难免存在疏漏之处，敬请读者批评指正，在此表示诚挚的谢意。

编　者

2022 年 1 月

目 录

CONTENTS

单元四　青出于蓝而胜于蓝——数据库规范化 ……………… **42**

项目二　MySQL 数据库创建

单元五　初识庐山真面目——MySQL 数据库 ………………… **55**

单元六　揭开面纱看本质——MySQL 数据的存储与管理 …… **67**

项目三　MySQL 数据操作

项目四　MySQL 进阶

项目五　MySQL 数据库管理

◆ 项目一 ◆

数据库设计

万丈高楼平地起——数据库基础

导学

随着大数据、云计算、物联网、人工智能等信息技术的飞速发展,数据资源量急速增长,数据库产业对于我国现代化发展至关重要。在《大数据库看改革开放新时代》一书中采用的数据分析技术,就充分地展示了改革开放的伟大成就。这就要求大学生不断提升管理、存储、处理数据的岗位能力,以及组织、利用、优化资源的职业技能。那么如何利用数据库管理系统科学有效地组织、优化、管理、维护和共享信息系统中的海量数据呢? 本单元从数据库的基本知识入手,探究数据库应用的关键技术,培养大国工匠精神和科技强国理念。

预习本单元,思考以下问题。

(1) 什么是数据库? 什么是数据库管理系统?

(2) 数据库是由哪几部分组成的? 各自有什么作用?

(3) 什么是数据库的模式、外模式和内模式? 它们各自有什么特点?

本单元的学习任务

从宏观上对数据库的概念、数据库的体系结构、数据库的主要技术进行简单而全面的了解。

(1) 理解数据库的概念、特点及其发展;

(2) 掌握数据库是由哪几个部分组成的;

(3) 掌握数据库系统的体系结构。

1.1 数据库技术概述

1.1.1 数据库的基本概念

在信息时代,由于数据量的急剧增长,需要利用计算机快速准确地处理和加工大量的数据,于是产生了数据库和数据库管理系统。数据库技术是一门综合性的软件技术,随着计算机应用的不断发展,在计算机应用领域中,数据处理越来越占据重要地位,数据库技术的应用也越来越广泛。下面先来了解一下数据库的基本概念。

1. 什么是数据

数据(Data)是数据库中存储的基本对象,是用于描述事物的符号记录。这种描述事物的符号都可以数字化形式存入计算机。

数据的表现形式有多种,可以是数字、文字、图形、图像、声音等。

2. 什么是数据库

数据库(Database,DB)是长期存放在计算机内、有组织的、可共享的数据集合。

数据库中的数据是按照一定的数据模型进行组织、描述和储存的,具有较小的冗余度、较高的数据独立性和易扩展性,并可为各种用户所共享,可以形象地理解为存储数据的仓库。数据库是数据表及相关操作对象的集合,而数据表则由一个或多个相关的数据项组成。

数据库技术具有存储、管理大量数据和高效检索的优势,广泛应用于我们日常生活中的各个领域,包括超市、银行、学校、网站、电信、航运、企业、政府机构等。

例如,在某图书超市中,有20多名员工,经营着数万本图书。该超市用图书销售系统进行销售管理,而该图书销售系统提供了图书的购买入库、查询、销售及汇总等功能。从管理者角度来看,该系统大大节省了管理维护图书的时间和费用,减轻了账务处理的负担;而从购书者的角度来看,也大大缩短了其寻找书籍的时间。

3. 什么是数据库管理系统

数据库管理系统(Database Management System,DBMS)是位于用户与操作系统之间的一套数据管理软件,它属于系统软件,为用户或应用程序提供访问数据库的方法,包括数据库的建立、查询、更新及各种数据控制和操作。

DBMS就像一个大管家,负责数据库中所有的对内、对外操作,如图1-1所示。

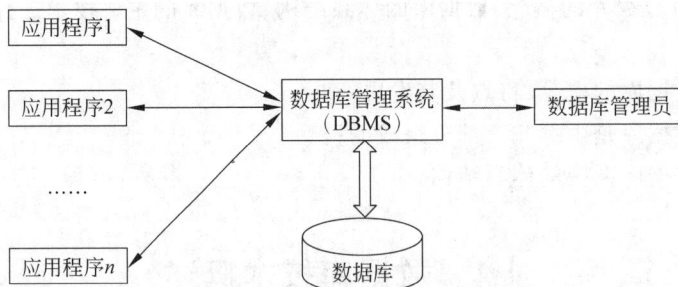

图 1-1　数据库管理系统图示

数据库管理系统具有如下功能。

(1) 数据定义功能。DBMS提供数据定义语言(Data Definition Language,DDL),用

户通过它可以方便地对数据库的相关内容进行定义,如对数据库、基本表、视图和索引等进行定义。

(2) 数据操纵功能。DBMS 向用户提供数据操纵语言(Data Manipulation Language,DML),可实现对数据库的基本操作,如对数据库中数据的查询、插入、删除和修改。

(3) 数据库的运行管理。这是 DBMS 的核心部分,它包括并发控制、安全性检查、完整性约束条件的检查和执行、数据库的内部管理(如索引、数据字典的自动维护)等。所有数据库的操作都要在这些控制程序的统一管理下进行,以保证数据安全性、完整性和多个用户对数据的并发操作。

(4) 数据库的建立和维护功能。包括数据库初始数据的输入、转换功能,数据库的转储、恢复功能,数据库的重新组织功能和性能监测、分析功能等。这些功能通常是由一些实用程序完成的,它是数据库管理系统的一个重要组成部分。

(5) 数据字典。数据字典(Data Dictionary,DD)是存放与数据库各级模式结构相关的描述,也是访问数据库的接口。在大型系统中,数据字典也可以单独成为一个系统。

(6) 数据通信功能。包括与操作系统(Operating System,OS)的联机处理、分时处理和提供远程作业传输的相应接口等,这一功能对分布式数据库系统尤为重要。

4. 什么是数据库系统

数据库系统(Database System,DBS)是一个实际可运行的存储、维护和为应用系统提供数据的软件系统,是存储介质、处理对象和管理系统的集合体。

1.1.2　数据库技术的发展

数据管理是对数据进行组织、存储、加工及维护的过程。随着计算机技术的不断发展,数据管理技术经历了人工管理、文件系统和数据库系统三个阶段,目前的主流技术是数据仓库技术。

1. 人工管理阶段

在 20 世纪 50 年代中期以前,数据管理主要由人工完成,那个时候计算机中没有专用的软件对数据进行管理,也没有磁盘之类的存储设备用来存储数据。由于应用程序和数据之间是一对一关系,即一个程序对应一组数据,而在程序设计过程中,不仅需要规定数据的逻辑结构,且还要定义数据的物理结构,一旦当数据的物理组织或存储设备发生改变时,则必须重新编写应用程序,因此存在很多问题,包括程序间不能共享数据;应用程序和数据之间依赖性太强,独立性差;数据大量冗余,难以保证应用程序之间的数据一致性等。

人工管理阶段的程序与数据间的关系如图 1-2 所示。

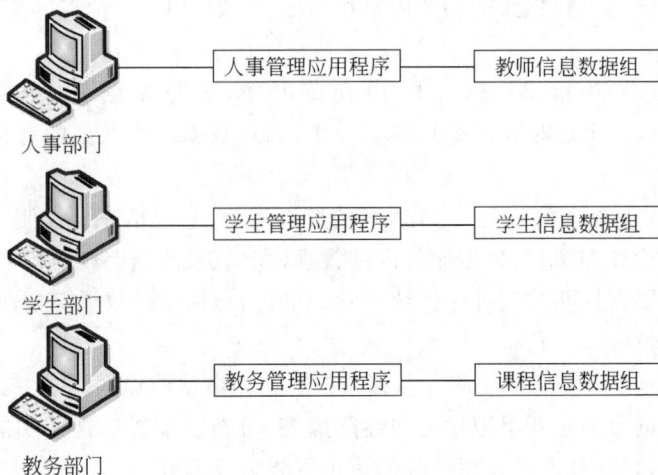

图 1-2　人工管理阶段的程序与数据间的关系

2. 文件系统阶段

20 世纪 50 年代后期到 60 年代中期,随着计算机软硬件技术的飞速发展,出现了专门管理数据的软件,也就是文件系统。文件系统有多种形式,包括顺序文件、索引文件和随机文件等。

在文件系统数据管理阶段,数据会按一定的规则组织成为一个文件,应用程序通过文件系统对文件中的数据进行存取和加工。这样,程序和数据就实现了分离,数据可以长期保存在外围设备上,而且数据的逻辑结构和数据的存储结构之间有一定的独立性,实现了以文件为单位的数据共享。但是此时仍然还存在着不少问题,包括不同的应用程序很难共享同一个数据文件,数据的独立性仍然较差,数据冗余度较大,数据的一致性差等。

文件系统阶段程序与数据间的关系如图 1-3 所示。

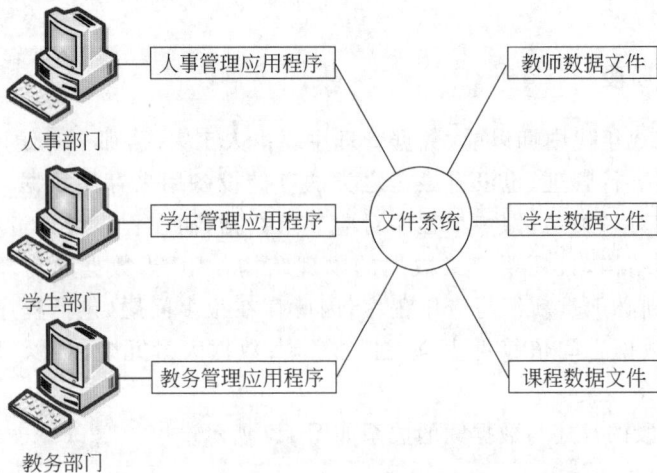

图 1-3　文件系统阶段的程序与数据间的关系

3. 数据库系统阶段

20 世纪 60 年代后期,为了满足巨大的信息流和数据流的需要,数据库系统出现了。数据库是在数据库管理系统的集中控制之下,按一定的组织方式存储起来的、相互关联的数据集合。在数据库系统中,应用程序具有高度的独立性,同时,数据库系统对保证数据的完整性、唯一性和安全性都提供了一套有效的管理手段,从而减少了开发和维护应用程序的费用。另外,数据库系统还提供管理和控制数据的各种简单操作命令,用户在编写程序时会更容易上手。总之,数据库系统阶段具有如下特点:

(1) 数据的共享程度高,冗余度低;

(2) 数据真正实现了结构化。

数据库系统阶段的程序与数据间的关系如图 1-4 所示。

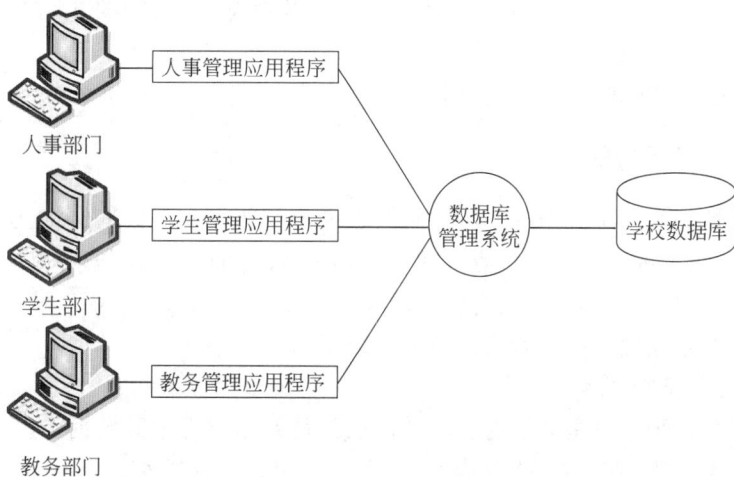

图 1-4　数据库系统阶段的程序与数据间的关系

1.1.3　数据库系统的特点

数据库系统不仅实现了多用户共享同一数据的功能,还解决了由于数据共享而带来的数据完整性、安全性及并发性控制等一系列问题。同时,数据库系统也克服了文件系统中存在的数据冗余大和数据独立性差等缺陷,而且实现了数据与程序之间的独立。

1. 查询迅速且准确

与手工操作相比,数据库系统在查询数据时迅速且准确,而且可以节省大量纸张。以一个大型仓库管理系统为例,用手工操作,如果要查找"某厂家生产的商品的名称,规格,数量"时,就可能要翻阅大量账本,费时且费力。而在使用数据库系统时,由于数据是由DBMS 按一定的结构组织存放在计算机中,因此用户可以迅速查找所要求的数据,而且很少出现错误。

2. 数据结构化且统一管理

数据库中的数据是有结构的，并且由 DBMS 统一管理。DBMS 既管理数据的物理结构，也管理数据的逻辑结构，即考虑数据之间以及文件之间的联系，可见 DBMS 管理的是结构化的数据。

数据的结构化是数据库的主要特征之一，也是数据库系统与文件系统的本质区别。在数据库系统中数据的结构用"数据模型"概念加以描述，而数据的最小存取单位是"数据项"。

3. 数据冗余度小

在文件系统中，当一个应用程序在处理专用的一个或几个数据文件时，会有许多重复的数据，即产生了数据冗余。这是由于文件系统中的数据重复存储，且由不同的应用程序使用和修改所造成的。数据库系统是从整体上即从全局角度看待和描述数据，数据不仅面向某个应用，还面向整体应用，从而大大减少了数据冗余，节省了存储空间，避免了数据之间的不一致性。所谓数据之间的不一致是指同一数据在不同存储位置的值不一样。

4. 具有较高的数据独立性

数据独立性是指用于应用程序与存储在磁盘上的数据库中数据的相互独立性，也就是说，数据在磁盘上的数据库中的存储是由 DBMS 管理的，所以数据对应用程序的依赖程度大大降低，数据和程序之间具有较高的独立性。

数据库中的数据独立性一般可以分为两级。

1）数据的物理独立性

应用程序要处理的只是数据的逻辑结构也就是数据库表中的数据，这样当数据在计算机存储设备上的物理存储发生改变时，应用程序可以不必改变，而由 DBMS 来处理这种改变，称为物理独立性。

2）数据的逻辑独立性

有的 DBMS 还提供一些功能，使某些程序上数据库的逻辑结构虽然发生了改变，但用户程序可以不改变，称为逻辑独立性。

数据独立性是数据库的一种特征和优点，它有利于当数据库结构出现变动时应用程序可以尽可能地不做改变或少做改变，这样就大大减少了应用程序开发人员的工作量。

5. 数据的共享性好

在数据库应用中，数据是共享的，这不仅使某些应用程序的编写更加方便，而且冗余度小，节省了存储空间，避免了数据间的不一致性，系统易维护、易扩充。

6. 数据控制功能强

为了适应共享数据的环境，DBMS 还提供了数据控制功能。数据库系统提供了四个方面的数据控制功能，即数据库的并发控制、数据库的恢复、数据的安全性和数据的完整性。

1）数据库的并发控制（concurrency）

良好的并发控制可以使在多用户同时存取或修改数据库时，防止相互干扰而提供给用户不正确的数据，并避免数据库受到破坏。

2）数据库的恢复（recovery）

当数据库被破坏或数据不可靠时，系统有能力将数据库从错误状态恢复到最近某一时刻的正确状态。

3）数据的安全性（security）

所谓数据的安全性是指保护数据以防止不合法的使用所造成数据的泄露和破坏。例如，系统提供口令检查或其他手段来验证用户身份，或对数据的存取权限进行限制等。

4）数据的完整性（integrity）

所谓数据的完整性是指数据的正确性、有效性和相容性。

（1）数据的正确性是指数据的合法性。

（2）数据的有效性是指数据是否在其定义的有效范围。

（3）数据的相容性是指表示同一事实的两个数据应相同。

1.2　数据库系统的组成

数据库系统是一种按照数据方式存储、管理数据并向用户或应用系统提供数据支持的计算机应用系统，它通常包括支持数据库系统的计算机硬件、存储数据的数据库、操纵数据的应用软件以及开发者、管理者和使用者。图 1-5 所示为数据库系统结构示例。

1.2 数据库系统组成

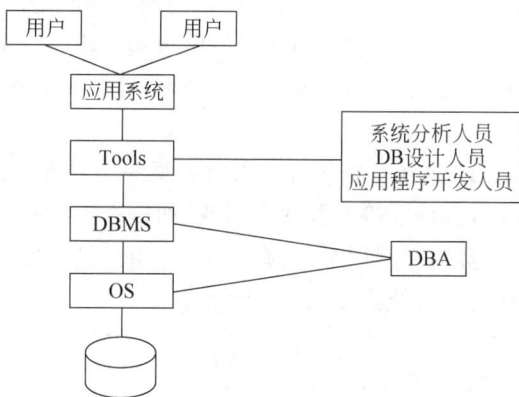

图 1-5　数据库系统结构示例

1. 硬件

计算机硬件是数据库系统建立的基础，数据系统在必需的硬件资源支持下才能工作。计算机硬件是存储和运行数据库系统的硬件设备，主要包括 CPU、内存、大容量的存储设备、外部设备等。

数据库系统数据量大,数据结构复杂,软件内容多,因此要求计算机硬件的数据存储容量大,数据处理速度和数据输入输出速度要快。

2. 数据库

数据库是与应用程序彼此独立并以一定组织方式存储在一起彼此相互关联具有较少冗余且能被多个用户共享的数据集合。它存储和运行在计算机硬件基础上。现实中的数据库需要通过数据库管理系统来创建和管理。

3. 软件

数据库系统中的软件包括一系列的管理和开发软件。

1)操作系统

操作系统是所有计算机软件的基础,在数据库系统中起着支持 DBMS 和主语言系统工作的作用。

2)数据库管理系统

数据库管理系统是实现对数据库的定义、建立、维护、使用及控制的系统软件,是整个数据库系统的核心。通常把数据库管理系统直接称为数据库,常用的大型 DBMS 有 Oracle、SQL 等,小型 DBMS 有 Access 等。

3)主语言系统

主语言系统是为应用程序提供的诸如程序控制、数据输入输出、功能函数、图形处理、计算方法等数据处理功能的系统软件。

4)应用程序

数据库应用程序是指通过 DBMS 访问数据库中的数据并向用户提供服务的程序,简单地说,它是允许用户插入、删除、修改和访问数据库中数据的程序。应用程序由程序员通过程序设计语言或某些软件开发工具(如 Visual C++ 、Java 等),并按照用户的要求编写的。

5)应用开发工具

应用开发工具是 DBMS 系统为应用开发人员和最终用户提供的高效率、多功能的应用生成器,包括第四代计算机语言等各种软件工具,如报表生成器、表单生成器、查询和视图设计器等。这些开发工具为数据库系统的开发和使用提供了良好的环境和帮助。

硬件、数据库与软件的层次结构如图 1-6 所示。

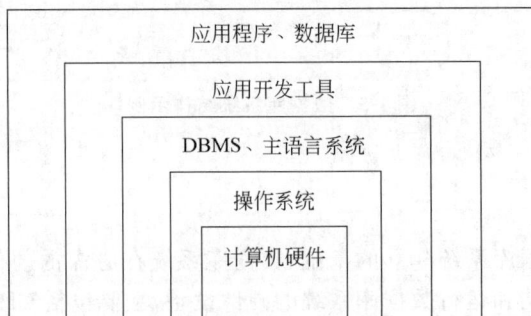

图 1-6   硬件、数据库与软件的层次结构

4. 相关人员

数据库系统的人员在整个数据库系统中扮演着系统开发者、管理者和使用者的角色，包括系统分析员、数据库设计人员、数据库管理员、应用程序员和用户等。

（1）系统分析员（System Analyst，SA）。系统分析员是在大型、复杂的信息系统建设任务中，承担分析、设计和领导实施的领军人物。系统分析员的职责包括应用系统的需求分析和规格说明；与用户以及 DBA 配合，确定系统的软件和硬件配置；参与数据库的概要设计，规划系统的数据库模型等。

（2）数据库设计人员。数据库设计人员要按照需求分析和总体设计的框架，合理、有效、科学、安全的设计数据库结构，定义各个表结构、存储过程、触发器等，确定数据库中的数据，并设计系统数据库的各级模式。

（3）数据库管理员（Database Management，DBA）。数据库管理员的核心目标是保证数据库管理系统的稳定性、安全性、完整性和高性能。其职责覆盖产品从需求设计、测试到交付上线的整个生命周期，具体职责包括决定数据库中的信息内容和结构；决定数据库的存储结构和存储策略；定义数据的安全性要求和完整性约束条件；监控数据库的运行情况和使用情况；以及进行数据库的改进和重组等。

（4）应用程序员。应用程序员负责编写系统主程序，实现系统功能，并负责应用程序的安装和调试。

（5）用户。用户是使用数据库系统的人员。

1.3 数据库系统体系结构

1.3.1 数据库系统三级模式

从 DBMS 的角度看，数据库系统有一个严谨的体系结构，从而保证其功能得以实现。根据 ANSI/SPARS（美国标准化协会和标准计划与需求委员会）提出的建议，数据库系统是三级模式和两级映像结构的，通过数据库三级模式的划分可以使不同类型的数据库系统人员以不同的视图看待数据库中的数据，如图 1-7 所示。

1.3 数据库系统结构

1. 模式

模式（Schema）也称逻辑模式（Logical Schema），是对数据库全局逻辑结构的描述，是所有用户的公共数据视图即全局视图，又称概念模式或概念视图。

一个数据库只有一个模式，它是由数据库设计者综合所有用户数据，按照统一的观点构造而成的。例如，对于一个学生的记录可定义为（学号、班级、姓名、性别、出生日期、家庭住址、联系电话、电子邮箱），称为记录型，而（'12010101'，'网络 2001'，'赵丽'，'女'，'2001-02-03'，'河北省保定市'，'13565412300'，'zhl@126.com'）则是该记录型的一个记录值。模式只是对记录型的描述，与具体值无关。

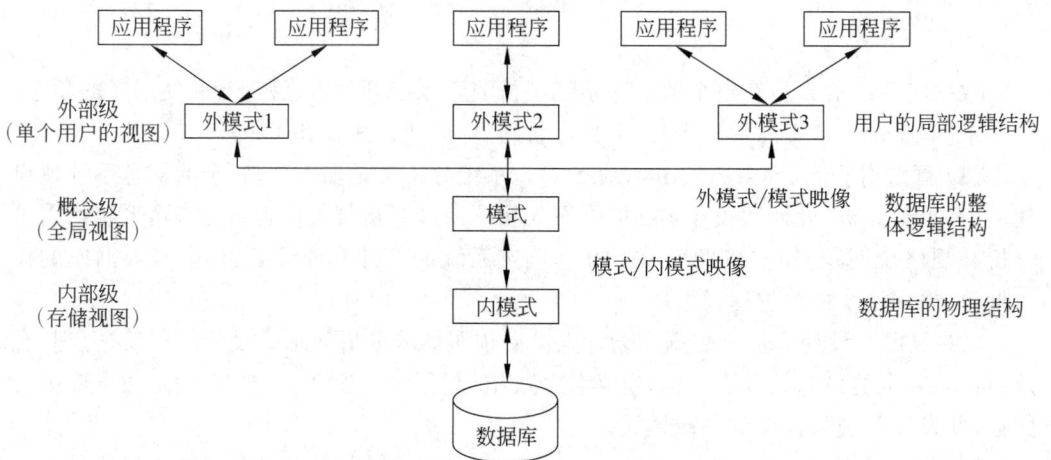

图 1-7　数据库系统的三级模式与两级映像结构

DBMS 提供了模式描述语言（Data Description Language，DDL）来定义模式。在定义模式时，不仅要定义数据的逻辑结构，而且要定义数据之间的联系，定义与数据有关的安全性、完整性要求等。

模式是数据库系统模式结构的中间层，既不涉及数据库物理存储细节和硬件环境，也与具体的应用程序以及所使用的程序设计语言或应用开发工具无关，它由 DBA 统一组织管理，故又称 DBA 视图。

2. 外模式

外模式（External Schema）也称子模式（Subschema）、用户模式（User Schema）或外视图，是用户观念下局部数据结构的逻辑描述，常把外视图称为用户数据视图。

外模式通常是模式的子集，一个数据库可以有多个外模式。外模式是指完全按照用户对数据的需要，站在局部的角度进行数据库设计。即使是来自模式中的同样的数据，在外模式中的结构、类型、长度、保密级别等都可以有所不同。另外，同一外模式也可以为某一用户的多个应用系统所使用，但一个应用程序只能使用一个外模式。

外模式使用外模式描述语言进行定义，该定义主要涉及对外模式的数据结构、数据域、数据构造规则及数据的安全性和完整性等的描述。

3. 内模式

内模式也称存储模式（Storage Schema）、物理模式（Physical Schema）或内视图，是数据物理结构和存储方式的底层描述，是数据在数据库内部的表示形式。

一个数据库只能有一个内模式。从形式上看，一个数据库就是存放在外存储器上的许多物理文件的集合。例如，记录的存储方式是堆存储，还是按照某个属性的升序或降序存储，或是按照属性值聚簇存储，数据是否压缩、是否加密等。

内模式使用内模式描述语言定义。内模式描述语言不仅能够定义数据的数据项、记录、数据集、索引和存取路径等属性,同时还要规定数据的优化性能、响应时间和存储空间需求,规定数据的记录位置、块的大小与数据溢出区等。

4. 用户数据库、概念数据库和物理数据库

以模式、外模式和内模式为框架的数据库分别称为概念数据库、用户数据库和物理数据库。在数据库系统中,只有物理数据库才是真正存在的,它是存放在外存的实际数据文件,而概念数据库和用户数据库在计算机外存上是不存在的。

概念数据库、用户数据库和物理数据库这三者的关系是:概念数据库是物理数据库的逻辑抽象形式,物理数据库是概念数据库的具体实现,而用户数据库是概念数据库的子集,也是物理数据库子集的逻辑描述。

三级模式应用实例如图 1-8 所示。

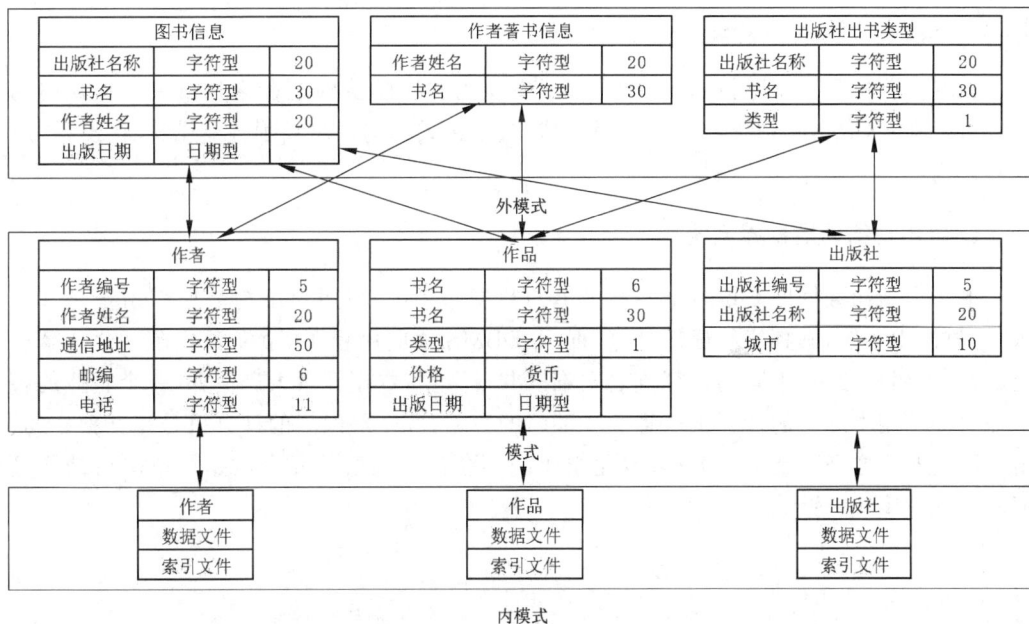

图 1-8 三级模式应用实例

1.3.2 数据库系统两级映像

数据库系统三级模式是数据的三个抽象级别,它把数据的具体组织留给 DBMS 管理,使用户能够逻辑抽象地处理数据,而不必关心数据在计算机中的具体表示方式和存储方式。为了能够在系统内部实现这三个层次的联系和转换,数据库管理系统在这三级模式之间提供了两级映像,即外模式/模式映像和模式/内模式映像,通过两级映像技术不仅可以在三级模式之间建立联系,而且同时保证了数据的独立性。

1) 外模式/模式映像

外模式/模式映像定义了外模式与模式之间的映像关系,确定了数据的局部逻辑结构与全局逻辑结构之间的对应关系。模式描述数据的全局逻辑结构,而外模式则描述了数

据的局部逻辑结构,对应于同一个模式可以有多个外模式。外模式/模式映像定义了如何从外模式找到其对应的模式。

当模式改变时,由数据库管理员对各个外模式/模式的映像进行修改,可以使外模式保持不变,由于应用程序是依据数据的外模式编写的,因而应用程序不需修改,从而保证了数据与程序的逻辑独立性。

2)模式/内模式映像

模式/内模式映像定义了模式与内模式之间的映像关系,确定了数据的全局逻辑结构与存储结构之间的对应关系。数据库中只有一个模式,也只有一个内模式,模式/内模式映像也是唯一的。

当数据的存储结构改变时,由数据库管理员对模式/内模式映像进行修改,可以使模式保持不变,因而应用程序也不必修改,从而保证了数据与程序的物理独立性。

1.3.3 数据库系统体系结构

随着计算机和数据库技术的发展,数据库应用程序的结构也在逐步发展。从最终用户的角度来看,数据库系统可分为单用户结构、主从式结构、客户/服务器结构、浏览器/服务器结构。

1. 单用户结构数据库系统

单用户结构数据库系统是早期最简单的数据库系统,单用户结构数据库系统是基于PC的数据库系统,其各个组成部分(数据库、DBMS和应用程序等)都安装在一台计算机上,由一个用户独占,不同的计算机之间难以共享数据,数据冗余大。例如,一个企业的各个部门都使用本部门的计算机来管理本部门的数据,各个部门间的计算机是相互独立的,由于不同部门之间不能共享数据,因此企业内部会存在大量的冗余数据。单用户结构数据库系统如图1-9所示。

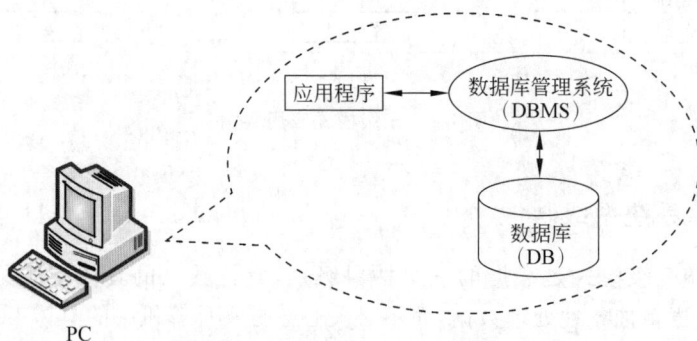

图 1-9 单用户结构数据库系统

2. 主从式结构数据库系统

主从式结构也称为集中式结构,是指一个主机带多个终端用户结构的数据库系统。

在这种结构中,包括应用程序、DBMS 和数据都集中存放在主机上,所有处理任务都由主机来完成。各个用户通过主机的终端可同时或并发地存取数据库,共享数据资源。

　　主从式结构的优点是结构简单,易于管理、控制与维护;其缺点是当终端用户数目增加到一定程度后,主机的任务会过分繁重,成为瓶颈,以致系统性能下降,而且由于系统的可靠性过分依赖主机,当主机出现故障时,整个系统都不能使用。主从式结构数据库系统如图 1-10 所示。

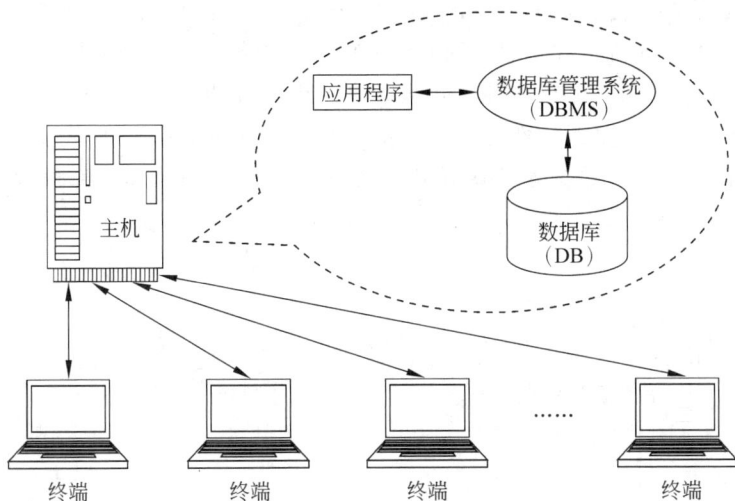

图 1-10　主从式结构数据库系统

3. 客户/服务器结构数据库系统

　　客户/服务器结构也称为 C/S(Client/Server)结构。C/S 结构数据库系统包括两部分,即服务器(Server,也称为后端)和一组客户机(Client,也称前端)。在这种模式下,数据处理、数据表示和数据存储由客户机完成,客户机处理完成数据后,将数据交给服务器,服务器经过处理后,将结果数据返回给用户,服务器端主要负责实现数据库管理系统的核心功能。C/S 结构数据库系统如图 1-11 所示。

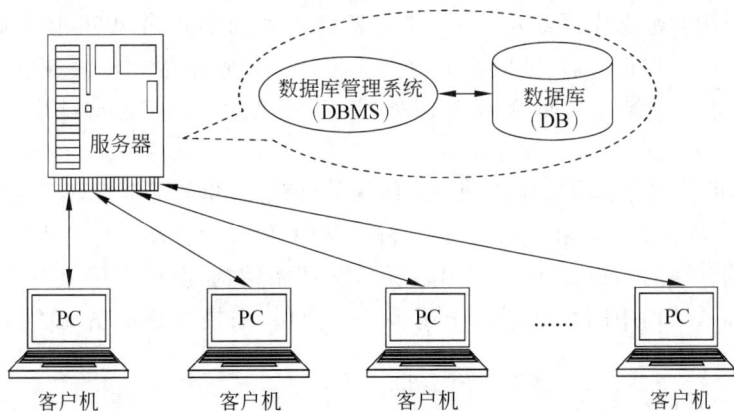

图 1-11　客户/服务器结构数据库系统

C/S结构数据库系统的优点是交互性强,具有安全的存取模式,网络通信量低且响应速度快,并且具有较好的可移植性;C/S结构数据库系统的不足之处是需要在客户机上安装客户端程序,分布功能弱,不能实现安装和配置的快速部署,另外,由于缺少通用性,业务变更后需要重新设计和开发,增加了系统的维护和管理成本。

4. 浏览器/服务器结构数据库系统

浏览器/服务器结构也称 B/S(Browser/Server)结构,采用 B/S 结构的数据库系统是以 Web 技术为基础的新型数据库应用系统。B/S 结构包括三部分,即浏览器(Browser)、Web 服务器和数据库服务器。应用程序安装在一台服务器(Web 服务器)上,用户通过连接到互联网并安装了浏览器软件的计算机就可以访问数据库了。数据请求、加工、结果返回以及动态网页生成、对数据库的访问和应用程序的执行等工作全部由 Web 服务器完成。B/S 结构数据库系统如图 1-12 所示。

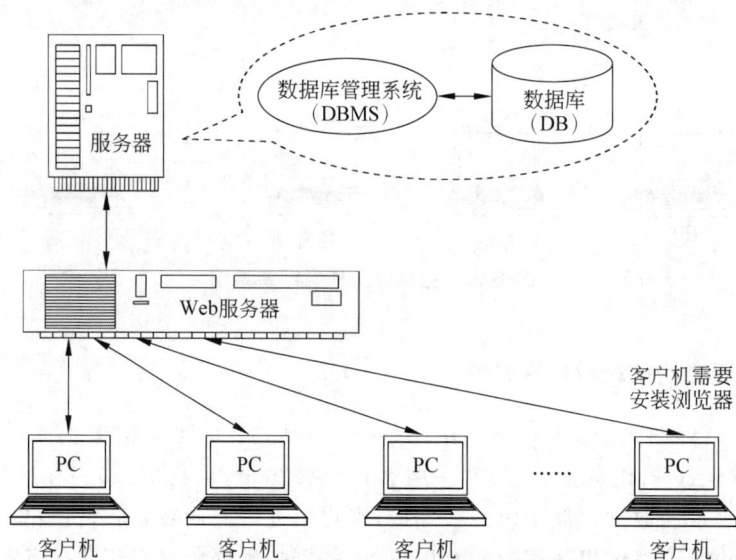

图 1-12　浏览器/服务器结构数据库系统

在 B/S 结构的数据库系统中,用户浏览器通过页面形式向 Web 服务器发送请求;Web 服务器接收用户请求后,按照特定的方式将请求发送给数据库服务器;数据库服务器执行这些请求并把结果返回给 Web 服务器,Web 服务器再将这些结果以页面的形式返回给用户。

B/S 结构的数据库具有系统维护和升级简单、信息采集的灵活性好等优点,但也存在数据安全性低、对服务器要求较高、数据传输数度慢、软件的个性化特点明显降低等缺点。基于 B/S 结构存在的问题,目前又提出多层 B/S 体系结构,所谓多层 B/S 体系结构是指在三层 B/S 体系结构中间增加了一个或多个中间层,来提高整个系统的执行效率和安全性。

单元训练

一、填空题

1. 数据库由_____、_____、_____和_____组成。

2. 数据的独立性包括：_____和_____。

3. 数据库系统的三级模式指的是_____、_____和_____。

二、选择题

1. 在数据库中存储的是(　　)。

    A. 数据　　　　　　　　　　　　B. 数据模型

    C. 数据以及数据之间的联系　　　　D. 信息

2. 在数据管理技术的发展过程中，经历了人工管理阶段、文件系统阶段和数据库系统阶段。在这几个阶段中，数据独立性最高的是(　　)阶段。

    A. 人工管理阶段　　　　　　　　B. 文件系统阶段

    C. 数据库系统阶段　　　　　　　D. 都一样

3. 下列选项中说法不正确的是(　　)。

    A. 数据库减少了数据冗余　　　　B. 数据库中的数据可以共享

    C. 数据库避免了一切数据的重复　D. 数据库具有较高的数据独立性

4. 数据库(DB)、数据库管理员(DBA)、数据库系统(DBS)以及数据库管理系统(DBMS)之间的关系是(　　)。

    A. DBS 包括 DB、DBA、DBMS　　B. DBMS 包括 DB、DBA、DBS

    C. DB 包括 DBS、DBA、DBMS　　D. DBA 包括 DB、DBS、DBMS

5. 在数据库的三级模式中，内模式、模式、外模式之间的映射关系是(　　)。

    A. 1、1、1　　　　B. 1、1、N　　　　C. 1、N、N　　　　D. N、1、N

三、问答题

简述什么是 DB、DBMS、DBS 模式、内模式、外模式。

单元一自测题

九层之台，起于累土——数据库建模

导学

良好的数据库设计能够节省数据的存储空间，保证数据的完整性，方便进行数据库应用系统的开发。在设计数据库时，对现实世界进行分析，并从中找出其内在联系，进而确定数据库的结构，这一过程就称为数据库建模。这一步的完成情况会直接影响着数据库系统的性能。良好的数据库模型是开发高质量应用程序的前提，数据库建模是数据库应用系统开发的核心和基础，这就如同盖楼一样，如果没有精心设计的图纸，即使能工巧匠也难以用水泥、钢筋建造起符合特定需求的高楼大厦。

【引例】 某学校要建立一个学生选修课程管理系统，每名学生可以选修多门课程，同一门课程可以有多名学生选修。

预习本单元，请回答以下问题。

（1）本系统涉及几个实体？分别是什么？

（2）本系统中实体之间具有怎样的联系？该联系的类型是什么？

本单元的学习任务

（1）理解数据模型的定义及类型，了解不同类型数据模型的概念和特点；

（2）掌握关系模型的数据完整性约束；

（3）掌握概念模型的基本概念及实体间的联系；

（4）综合运用本单元知识，掌握数据库建模的方法。

2.1 数据模型

2.1.1 数据模型的定义

数据库中的数据是结构化的，建立数据库时需要考虑如何组织数据，如何表示数据之间的联系并将数据合理地存放在计算机中，这样才能便于对数据进行有效的处理。数据模型就是描述数据及数据之间联系的结构形式，它的主要任务就是组织数据库中的数据。

通俗来讲,数据模型就是对现实世界的模拟、描述或表示。良好的数据模型应满足以下三个要求:

(1) 比较真实的描述现实世界;

(2) 易为用户所理解;

(3) 易于在计算机上实现。

2.1.2　数据模型的类型

数据模型的种类很多,广泛使用的可分为两种类型:一种是概念数据模型,是在概念设计阶段使用的数据模型;另一种是逻辑数据模型,是在逻辑设计阶段使用的数据模型。

1. 概念数据模型

概念数据模型也称概念模型,用于信息世界的建模,它是面向用户的,与具体的DBMS无关。

概念模型是用户和数据库设计人员进行交流的工具,因此,概念模型要求具有较强的语义表达能力,简单、清晰、易于理解。最常见的概念模型是实体联系模型(E-R 模型)。

2. 逻辑数据模型

逻辑数据模型也称数据模型,它从数据的组织方式角度来描述数据,主要从计算机系统的观点对数据建模,与所用的 DBMS 的种类有关。

逻辑数据模型具有严格的形式化定义,便于在计算机系统中实现,通常会有一组严格定义的无二义性语法和语义的数据库语言,用来定义、操纵数据库中的数据。

2.1.3　数据模型的组成要素

1. 数据结构

数据结构用来描述数据库的组成对象及对象之间的联系,是系统的静态特性的描述。

2.1.3　数据模型的组成要素

在数据库系统中,通常按照数据结构的类型来命名数据模型,例如层次模型、网状模型、关系模型和面向对象模型等。

2. 数据操作

数据操作是指对数据库中各种对象的实例允许执行的操作集合,包括操作及有关的操作规则,数据操作是系统动态特性的描述。

例如,数据的检索、插入、删除和修改等。数据模型必须定义这些操作的确切含义、操作符号、操作规则以及实现操作的语言。

3. 完整性约束

数据的完整性约束是一组完整性规则的集合。

完整性规则是给定的数据模型中数据及其联系所具有的制约和依存规则,用以限定符合数据模型的数据库状态及状态的变化,确保数据的正确性和有效性,例如,在学生信息中,学生的成绩范围是0~100。在关系模型中,完整性约束有实体完整性约束、参照完整性约束和用户定义完整性约束。

2.2 概念数据模型

2.2 概念模型

2.2.1 概念模型定义及基本概念

1. 概念模型定义

概念模型也称信息模型,用于描述现实世界的概念化结构,不考虑数据在数据库系统中的表示和操作。

概念模型是现实世界到计算机世界的一个中间层次。概念模型使数据库设计人员在设计的初始阶段能够摆脱计算机系统及 DBMS 的具体技术问题,集中精力分析数据和数据之间的联系,有效地与企业人员进行充分交流与沟通,使得设计能真实反映企业的客观实际。

概念模型用于信息世界的建模,是用户和设计人员交流的工具,因此,要求一方面要具有较强的语言表达能力,能够方便、直接地表达应用的各种语义知识;另一方面它还应该简单、清晰、易于用户理解。

2. 概念模型基本概念

1) 实体

实体(Entity)是实际存在的对象、抽象概念或事件。

实体可以是具体事物,如学生实体、计算机实体,也可以是抽象的概念或联系,如一门课程、一次会议等。

2) 属性

属性(Attribute)是描述实体特征或性质的数据。

一个实体可以有多个属性。例如,学生实体包括学号、班级、姓名、性别、出生日期、家庭住址、联系电话、电子邮箱等属性。有了这些属性我们才可以区分各个实体。

3) 实体型

实体型(Entity Type)是实体的结构描述,可以用实体名及其属性名的集合来抽象和表示同类实体。

例如,学生的实体型:学生(学号、班级、姓名、性别、出生日期、家庭住址、联系电话、电子邮箱)。

4) 实体值

实体值(Entity Value)是一个实体属性值的集合。

例如,学生实体赵丽的实体值为:('12010101','网络 2001','赵丽','女','2001-02-03','河

北省保定市','13565412300','zhl@126.com')。

5）实体集

实体集（Entity Set）是性质相同的同类实体的集合。

例如，所有学生、所有课程、一个系的全体教师等都是实体集。

6）键

键（Key）是能够唯一标识一个实体的属性，也称码或关键字。

例如，"学号"是学生关系的键，而"姓名"有可能重名，因而不适宜作为键。

如果键是由几个属性构成的，则其中不能存在多余的属性，即必须是几个属性全部给出才能唯一标识一个实体。例如，选课关系中，只有给出"学号"和"课程号"，才能确定成绩，"学号"和"课程号"缺一不可，也无须其他属性就能唯一标识出一条选课记录，因此"学号"＋"课程号"就是选课关系的键。

7）域

域（Domain）是指属性值的取值范围，是一组具有相同数据类型的值的集合。

例如，学号的域为 8 位整数，姓名的域为字符串集合，年龄的域为小于 60 的整数，性别的域为（男，女）等。

不同的属性可以对应同一个域。例如，性别的域适用于所有人的实体，我们可以在所有人的实体型中使用这个域，这样既保证了属性取值范围的一致性，也减少了设置取值范围的工作量。

8）联系

现实世界中，任何事物都不是孤立存在的，事物内部以及事物之间是有联系（Relationship）的。

2.2.2 实体间联系

在信息世界中联系被抽象为实体内部之间的联系和实体型之间的联系。

实体内部之间的联系通常指实体的各属性之间的联系，例如，"学号"和"姓名"之间的联系；实体型之间的联系指不同实体集之间的联系，例如，学生和教师之间的联系。实体之间的联系有 3 种，即一对一联系、一对多联系和多对多联系。

1. 一对一联系（1∶1）

若实体集 A 中的每一个实体，实体集 B 中至少有一个（也可以没有）实体与之联系，反之亦然，则称实体集 A 与实体集 B 具有一对一联系，记为 1∶1，如图 2-1 所示。

例如，一所学校有一个校长，而一个校长也只能在一所学校任职，那么学校与校长之间就是一对一联系，如图 2-2 所示。

2. 一对多联系（1∶n）

若实体集 A 中的每一个实体，实体集 B 中有 n 个实体（$n \geqslant 0$）与之联系，反之，若对于实体集 B 中的每一个实体，实体集 A 中至多有一个实体与之联系，则称实体集 A 与实体集 B 具有一对多联系，记为 1∶n，如图 2-3 所示。

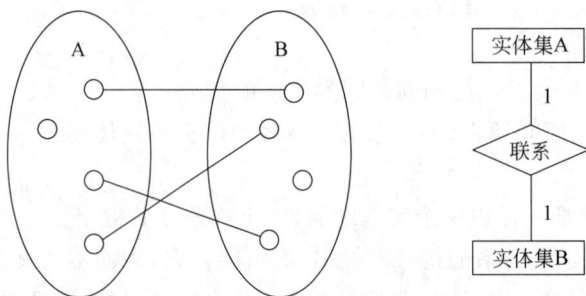

图 2-1　1∶1 联系

图 2-2　1∶1 联系实例

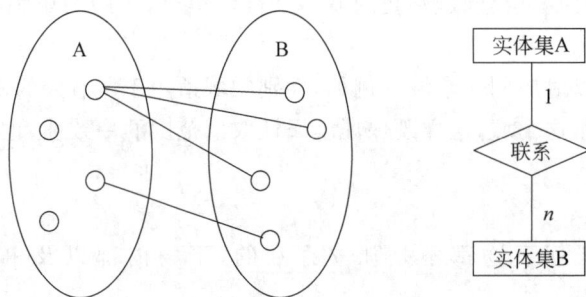

图 2-3　1∶n 联系

例如,一个班级有若干名学生,而每名学生只属于一个班级,则班级与学生之间具有一对多联系,如图 2-4 所示。

图 2-4　1∶n 联系实例

3. 多对多联系($m∶n$)

若实体集 A 中的每一个实体,实体集 B 中有 n 个实体($n \geqslant 0$)与之联系,反之,若对于实体集 B 中的每一个实体,实体集 A 中有 m 个实体($m \geqslant 0$)与之联系,则称实体集 A 与实体集 B 具有多对多联系,记为 $m∶n$,如图 2-5 所示。

例如,每名教师要教很多学生,而每名学生的任课教师也有多名,则教师和学生之间具有多对多的联系,如图 2-6 所示。

实体之间的联系,会随着需求的变化而变换。1∶1 联系是 1∶n 联系的特例,1∶n 联系是 $m∶n$ 联系的特例。

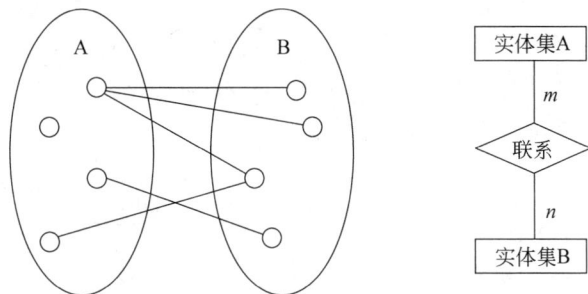

图 2-5　$m : n$ 联系

图 2-6　$m : n$ 联系实例

2.2.3　E-R 图设计

概念模型的表示方法有多种，最常用的一种是实体—联系（Entity-Relationship，E-R）方法。该方法使用 E-R 图来描述现实世界的概念模型，又称为实体联系模型。

1. E-R 模型

概念模型是反映实体之间联系的模型。E-R 模型是 P.P.Chen 于 1976 年提出的描述现实世界的概念模型，它为数据库系统的设计人员提供了三种基本的模型描述成分，即实体、属性和联系，E-R 模式利用这三个成分来描述客观信息世界。

（1）实体。使用矩形表示，矩形框内标注实体集名（一般用名词）。

（2）属性。使用椭圆表示，椭圆形框内标注属性名（一般用名词），并用无向边将其与相应的实体集连接起来，主键的属性需要添加下划线。例如，图书实体具有书号、书名、作者、出版社、定价等属性，书号为图书实体的主键。使用 E-R 图表示图书实体，如图 2-7 所示。

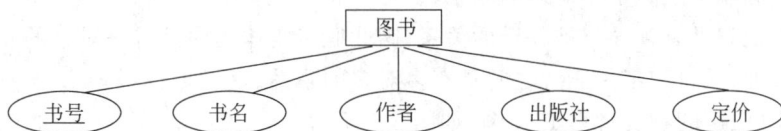

图 2-7　图书实体 E-R 图 1

（3）联系。使用菱形表示，菱形框内标注联系名（一般用动词），并用无向边分别与有关实体集连接起来，同时在无向边旁标注联系的类型，如（1 : 1）、（1 : n）、（$m : n$）。如果联系具有属性，联系的属性也要用无向边与该联系连接起来。例如，图书与读者之间通过借阅动作产生联系，该联系有借阅日期属性，如图 2-8 所示。

2. 概念模型的建立步骤

概念模型是依据需求而建立，建立步骤如下。

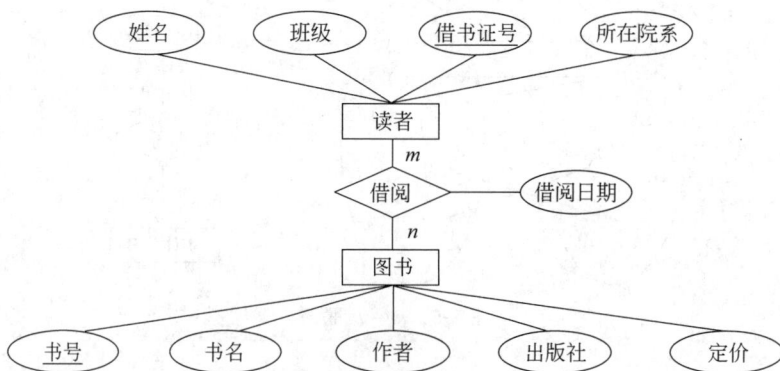

图 2-8　图书实体 E-R 图 2

（1）根据需求，确定涉及的实体有哪些；

（2）确定实体之间的联系及联系的属性；

（3）将实体和联系组合成 E-R 图，标注联系的类型及联系的属性；

（4）添加实体的属性，确定实体的键，在键的属性名上加下划线。

【例 2-1】　用 E-R 图来表示某工厂物资管理的概念模型。物资管理涉及以下实体。

（1）仓库。具有仓库号、面积、电话号码等属性。

（2）零件。具有零件号、名称、规格、单价、描述等属性。

（3）供应商。具有供应商号、姓名、地址、电话号码、账号等属性。

（4）项目。具有项目号、预算、开工日期等属性。

（5）职工。具有职工号、姓名、年龄、职称等属性。

以下是具体设计方法。

（1）根据语义确定实体包括仓库、零件、供应商、项目、职工。

（2）经分析可知实体间存在如下联系：

- 仓库和零件之间是多对多的联系，用库存量表示联系的属性；

- 仓库和职工之间是一对多的联系；

- 职工之间具有领导与被领导的关系，因此职工实体集中具有一对多的联系；

- 供应商、项目和零件三者之间具有多对多的联系。

（3）建立工厂的物资管理 E-R 图，如图 2-9 所示。

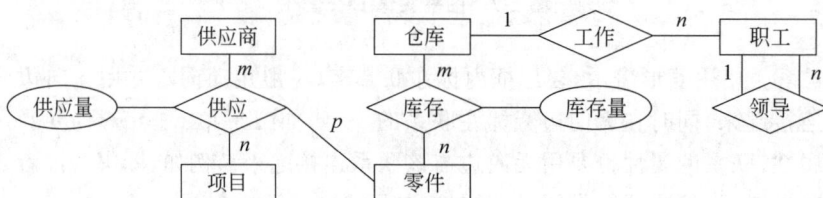

图 2-9　实体及其联系图

（4）添加实体属性，确定实体类型的关键字，在 E-R 图中属于键的属性名上添加下划线,得到如图 2-10 所示 E-R 模型。

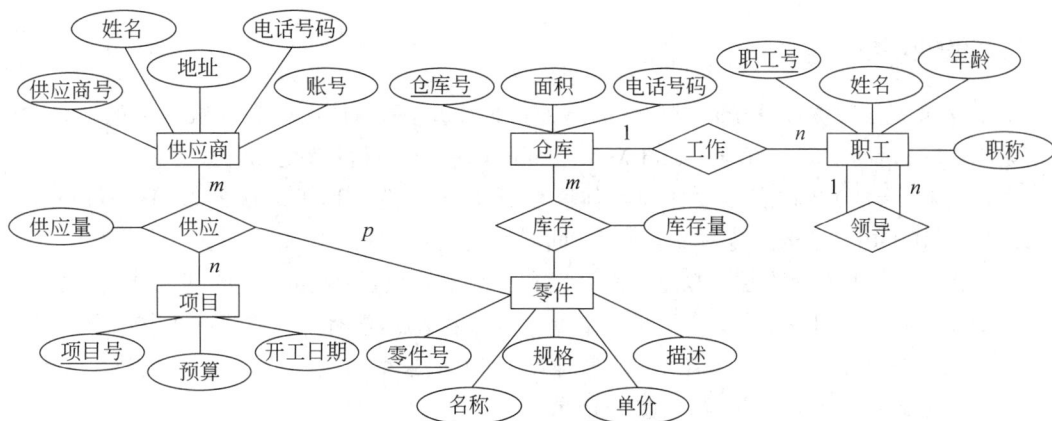

图 2-10 完整的实体联系图

2.3 逻辑数据模型

数据是描述事物的符号记录,模型是对现实世界中复杂对象特征的模拟和抽象。比如飞机模型抽象了飞机的基本特征(机头、机身、机翼和机尾),并且飞机模型还模拟了飞机的起飞、飞行和降落。可以通过模型描述现实生活中的事物,只有对现实世界进行数字化后,才能由计算机进行处理和保存。

2.3.1 逻辑数据模型的定义

1. 逻辑数据模型的定义

逻辑数据模型也叫数据模型,在数据库技术中,用数据模型(Data Model)来描述数据库的结构和语义,即数据模型表示了数据库中数据的组织形式及数据所代表的意义。

2.3.1 数据模型定义和类型

【例 2-2】 某学生成绩管理系统数据库中,包含学生表、课程表和成绩表,各表的结构可以用以下数据模型表示:

学生(学号、班级、姓名、性别、出生日期、家庭住址、联系电话、电子邮箱)

课程(课程号、课程名、任课教师)

成绩(学号、课程号、成绩)

这三个表描述了学生成绩管理系统中数据的结构和语义。

2. 逻辑数据模型的分类

逻辑数据模型主要包括层次模型、网状模型、关系模型、面向对象数据模型等。

2.3.2　层次模型

1. 层次模型的定义

层次模型是数据库系统最早使用的一种数据模型,采用层次模型的数据库的典型代表是 IBM 公司的 IMS(Information Management System)信息管理系统。

用树状(层次)结构表示实体及实体间联系的数据模型称为层次模型(Hierarchical Model)。其中用结点表示实体集,结点之间联系的基本方式是一对多的。

层次模型的特征是在层次模型中有且仅有一个根结点,根结点以外的其他结点有且仅有一个双亲结点。同一双亲结点的子女结点称为兄弟结点,没有子女的结点称为叶子结点。

在层次模型中,每个结点描述一个实体型,称为记录型。

一个记录型可有许多记录值,称为记录。

记录之间的联系用结点之间的有向边连线表示。若要存取某一记录型的记录,可以从根结点起,按照有向树的层次逐层向下查找,查找路径就是存取路径。

【例 2-3】　一所大学中包括多个系,每个系下面有多个教研室和多个班级,每个教研室有多名教师,每个班级有多名学生。可以用层次模型表示,如图 2-11 所示。

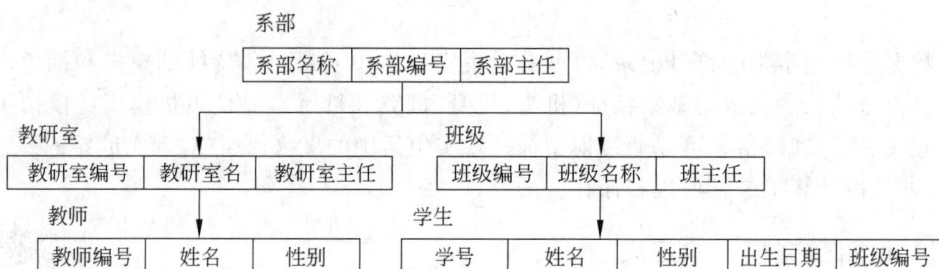

图 2-11　系教学层次模型

图 2-11 中有 5 个记录型,记录型系为根结点,记录型教师和记录型学生为叶子结点,每个记录型由不同的字段构成。系到教研室、系到班级、教研室到教师、班级到学生都是一对多的联系。

2. 层次模型操作及完整性约束

对于层次模型来说,在进行记录的插入、删除和更新等操作时要满足层次模型的完整性约束条件。例如,无相应的双亲结点值不能插入子女结点值;如果删除双亲结点值,则相应的子女结点值也被同时删除;在进行更新操作时,应更新所有相应的记录,以保证数据的一致性。

3. 层次模型的优点和缺点

层次模型的优点是比较简单,层次清晰,使用方便;另外,层次模型提供了良好的完整性支持,对具有一对多的层次关系的描述非常自然、直观。

层次模型的缺点是不能直接表示两个以上实体型间的复杂联系和实体型间的多对多联系，只能通过引入冗余数据或创建虚拟结点的方法来解决，易产生不一致性。另外，在层次模型中仅允许自顶向下的单向查询，导致应用程序编写困难。

2.3.3　网状模型

1. 网状模型介绍

20 世纪 70 年代，数据系统语言研究会（Conference On Data System Language，CODASYL）下属的数据库任务组（Data Base Task Group，DBTG）提出了一个系统方案，即 DBTG 系统，也称 CODASYL 系统，成为网状模型代表。

用有向图结构表示实体及实体间联系的数据模型称为网状模型（Network Model）。

网状模型与层次模型一样，每个结点表示一个记录类型，每个记录类型可包含多个字段，结点之间的连线表示记录类型之间是多对多的联系。

2. 网状模型的特点

网状模型可有一个以上的结点，没有双亲结点；至少有一个结点可以有多于一个的双亲结点。

【例 2-4】　一名学生可以选修多门课程，一门课程可以由多名学生选修，学生选修课程的网状模型如图 2-12 所示。该网状模型中引入一个选课的联系记录型。学生和选课之间的联系命名为 S-SC，课程和选课之间的联系命名为 C-SC。

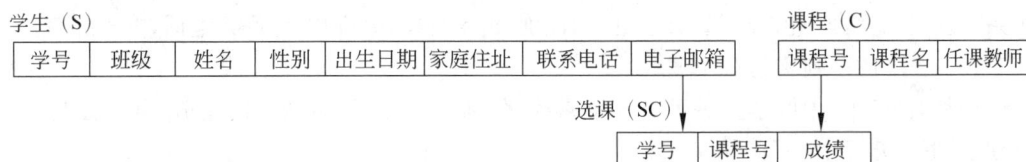

学生（S）									课程（C）		
学号	班级	姓名	性别	出生日期	家庭住址	联系电话	电子邮箱		课程号	课程名	任课教师

选课（SC）

学号	课程号	成绩

图 2-12　学生选修课程网状模型

网状模型与层次模型的根本区别是：
- 网状模型中一个子结点可以有多个父结点；
- 层次模型是网状模型的特殊形式，网状模型是层次模型的一般形式。

3. 网状模型操作及完整性约束

网状数据模型的操作主要包括查询、插入、删除和更新数据。插入操作允许插入尚未确定双亲值的子女结点值；删除操作允许只删除双亲结点值；更新操作只需要更新指定记录。

4. 网状模型的优点和缺点

网状模型的优点是能够更为直接地描述现实世界，具有良好的性能，存取效率高。

网状模型的缺点是网状数据结构较复杂，导致数据库的结构随着应用环境的变化而日趋复杂,最终用户不易掌握和使用。另外,网状模型存储数据需要更多的链接指针,而且在检索数据时,需要考虑数据的存储路径,在插入或删除数据时,也涉及调整链接指针,这就要求编程人员必须了解系统结构的细节,加重了编程人员的工作负担。

2.3.4　关系模型

关系模型是目前数据库技术中最重要的一种数据模型,关系数据库系统采用关系模型作为数据的组织方式。1970 年,美国 IBM 公司的研究员 E.F.Codd 首次提出了数据库系统的关系模型,开创了数据库关系方法和关系理论的研究,为数据库技术的发展奠定了理论基础。目前,大多数数据库系统都采用关系模型。

2.3.4 关系模型的键

1. 关系模型的定义

关系模型(Relational Model)是用二维表格结构表示实体及实体间的联系。从用户的观点来看,关系模型由一组关系组成,而每个关系的数据结构是一张规范的二维表,它由行和列组成。

【例 2-5】 学生选修课程的关系模型如图 2-13 所示。

2. 关系模型中的相关术语

(1) 一个二维表就是一个关系。

关系可以表示为:关系名(属性 1,属性 2,…,属性 n)的形式。例如,图 2-13 中的学生关系可以表示为:学生(学号,班级,姓名,性别,出生日期,家庭住址,联系电话,电子邮箱)。

(2) 表中的一列称为一个属性。

例如,图 2-13 中的学生关系有 8 个属性,分别是学号、班级、姓名、性别、出生日期、家庭住址、联系电话、电子邮箱。

(3) 属性的取值范围称为域。

例如,学生关系中性别的取值为"男"或"女",也就是性别的域为(男,女),记为:性别=|男,女|。

(4) 表中的一行称为一个元组。

(5) 一个关系的属性名的集合 R(A1,A2,…,An)叫作关系模式。其中,R 为关系名,A1,A2,…,An 为属性名。

例如,描述学生的关系模式表示为:学生(学号,班级,姓名,性别,出生日期,家庭住址,联系电话,电子邮箱)。

(6) 可唯一标识元组的属性或属性集,称为关键字,也称为键或码。

(7) 如果关系中某个属性或属性组合并非关键字,但却是另一个关系的主关键字,则称其为外部关键字或外键(Foreign Key)。

例如,有如下关系:订单(订单号,货品号,经销商号,订货数量,订货时间)、货品(货品号,货品名,存货量)。其中,订单关系中的"货品号"被定义为外键。

学生关系框架

学号	班级	姓名	性别	出生日期	家庭住址	联系电话	电子邮箱

课程关系框架

课程号	课程名	任课教师

选课关系框架

学号	课程号	成绩

(a) 各关系框架

学生关系

学号	班级	姓名	性别	出生日期	家庭住址	联系电话	电子邮箱
12010101	网络 2021	张涛	男	2001-02-03	河北省保定市	13565412300	zt@126.com
12010102	网络 2021	李浩新	男	2001-04-03	河北省廊坊市	13609289950	lhx@126.com
12010223	网络 2021	李爽	女	2001-04-21	河北省承德市	13403145890	kkz@126.com
12020107	软件 2021	孙志强	男	2002-06-01	河北省廊坊市	15803229033	szhi@126.com
12020121	软件 2021	陈丽英	女	2001-04-10	河北省保定市	13802118392	c221@126.com
12020223	软件 2022	张杰	女	2000-05-12	河北省石家庄市	13903112321	zhji@126.com

(b) 学生关系实例

课程关系

课程号	课程名	任课教师
0001	数据库技术	王丽
0002	计算机网络	孙建军
0003	网页制作	赵刚
0004	web 前端技术	李天海

(c) 课程关系实例

选课关系

学号	课程号	成绩
12010101	0001	89
12010101	0002	92
12010102	0001	78
12010102	0002	67
12010102	0003	90
12020223	0001	56
12020223	0003	68
12020223	0004	72

(d) 选课关系实例

图 2-13 学生选修课程的关系模型

3. 关系模型的性质

（1）关系是一个二维表，表中的每一行对应一个元组，表中的每一列有一个属性名且对应一个域。

（2）每一列的值来自同一域，是同一类型的数据。

（3）关系中的每个属性不可再分解。

（4）关系中任意两个元组不能完全相同。

（5）关系中行的排列顺序、列的排列顺序是无关紧要的。

（6）每个关系都有关键字的属性集唯一标识各个元组。

4. 关系模型的优点和缺点

关系模型的优点是在关系模型中，二维表不仅能表示实体集，而且能方便地表示实体集间的联系；关系数据模型中数据的表示方法统一、简单，便于计算机实现和用户使用；关系数据模型中,存储路径对用户是隐藏的,从而大大提高了数据的独立性。

关系模型的缺点是关系模型由于存取路径对用户透明,查询效率往往很低,为了提高性能,DBMS必须对用户的查询请求进行优化,因此增加了开发的难度。另外,关系模型存在语义信息不足、数据类型过少等缺点。

5. 关系模型的键

关系键是关系数据库的重要组成部分。关系键是一个表中的一个或几个属性,用来标识该表的每一行或与另一个表产生联系。

学生选课管理系统中有3个关系:

学生(学号,班级,姓名,性别,出生日期,家庭住址,联系电话,电子邮箱)

课程(课程号,课程名,任课教师)

选课(学号,课程号,成绩)

下面根据以上3个关系学习关系模型的键。

1) 超键

在关系中能唯一标识元组的属性集称为关系模式的超键(Super Key)。

一个属性可以作为一个超键,多个属性组合在一起也可以作为一个超键。例如,在学生关系中学号是唯一的,可以唯一确定一名学生,那么"学号"是一个超键,而(学号,姓名,性别)这一组合也是唯一的,所以也是一个超键。

2) 候选键

不含有多余属性的超键称为候选键(Candidate Key)。

候选键属于超键,它具有唯一性和最小性两个特性,是最小的超键。例如,在学生关系中的候选键为"学号",而在选课关系中的候选键为"学号"+"课程号"。

3) 主键

用户选择一个候选键作为主键(Primary Key)。

主键可以由一个字段,也可以由多个字段组成。

例如,在学生关系中"学号"是候选键,假设班级中没有重名现象,"姓名"是唯一的,也可以作为候选键,我们既可以选择"学号"作为主键,也可以选择"姓名"作为主键,但考虑到实际情况,由于"姓名"经常出现重名现象,因此"学号"作为主键比较科学;在课程关系中,"课程号"是可以唯一标识一门课程的属性,"课程号"就是课程关系的关键字;在选课关系中,"学号"和"课程号"可以唯一标识选课信息,因此"学号"和"课程号"的组合即为选课关系的主键。

4) 外键

某个关系的主键相应的属性在另一关系中出现,此时该主键就是另一关系的外键(Foreign key)。

例如,在选课关系中,"学号"并非选课关系的主关键字,但却是学生关系的主关键字,因而"学号"是选课关系的外键。同样,"课程号"也是选课关系的外键。

6. 关系模型的数据完整性

所谓数据完整性是指数据库中数据的正确性、有效性和一致性。数据完整性由完整性规则来定义，而关系模型的完整性规则是对关系的某种约束条件。关系模型有 3 类完整性约束，分别是实体完整性、参照完整性和用户定义完整性。其中，实体完整性和参照完整性是关系模型必须满足的完整性约束条件，用户定义完整性则是根据实际应用需求而定义的约束条件，体现了具体应用领域中的语义约束。

1）实体完整性

实体完整性指关系的主关键字不能重复也不能取"空值"。

一个关系对应现实世界中的一个实体集。例如，学生关系对应全体学生的集合。在现实世界中的实体是可以相互区分、识别的，即它们应具有某种唯一性标识。在关系模式中，以主关键字作为唯一性标识，所有的元组都是唯一的，也就是二维表中没有两个完全相同的行，这也称"行完整性"，因而主键不能重复也不能为空值。所谓空值，意味着有两种可能，即一种是其值未知，另一种是不存在。如果主键是多个属性的组合，则所有主属性均不能取空值，而所谓主属性是指包含在任何一个候选键中的属性。实体完整性规定了对主键或主属性的取值的约束。

【例 2-6】　在学生选课管理系统的学生关系中，"学号"为主键，其值不能重复也不能为空值；在课程关系中，"课程号"为主键，其值不能重复也不能为空值；在选课关系中，"学号"＋"课程号"为主键，所以学号和课程号均不能重复也不能为空值。

2）参照完整性

当一个数据表中有外部关键字（外键）时，外部关键字列的所有值，都必须出现在其所对应的表中，或者取空值，这就是参照完整性。参照完整性约束又称外键约束，约束的是两个表之间属性的取值。

【例 2-7】　如图 2-13 所示学生选修课程关系模型中学生关系实例、课程关系实例和选课关系实例。

在学生选课管理系统中，学生关系中"学号"为主键，选课关系中"学号"为外键，在选课关系中若"学号"有值，则一定是学生关系中"学号"的某一个值，如果选课关系中"学号"为空值，表示没有学生选课。同样，选课关系中"课程号"也是外键，在选课关系中若"课程号"有值，则一定是课程关系中"课程号"的某一个值，如果选课关系中课程号为空值，表示该学生未选课。

3）用户定义完整性

用户定义完整性是针对某一具体关系数据库的约束条件，它反映了某一具体应用所涉及的数据必须满足的语义要求。

不同的关系数据库系统根据其应用环境的不同，通常还需要一些特殊的约束条件，关系数据库系统（RDBMS）应提供定义和检验这些完整性的机制，以便于用统一的系统方法来处理它们。例如，通过用户定义课程关系中课时为正整数，定义选课关系中的成绩为 0～100 等。

单元训练

一、填空题

1. 数据模型的种类很多,广泛使用的可分为两种类型,分别是:_____数据模型和_____数据模型。

2. 实体联系模型是最常见的概念数据模型,实体联系模型利用_____、_____和_____来描述客观信息世界。

3. 逻辑数据模型也称为数据模型,分为_____、_____和_____三种类型。

4. 在关系模型中,完整性约束包括_____、_____和_____。

二、选择题

1. 在关系数据库中,表与表之间的联系是通过(　　)实现的。

　　A. 实体完整性规则　　　　　　　　　　B. 参照完整性规则

　　C. 用户自定义的完整性规则　　　　　　D. 主键

2. 一个关系中,候选键(　　)。

　　A. 可以有多个

　　B. 只有一个

　　C. 由一个或多个属性组成,不能唯一标识关系中一个元组

　　D. 以上都不是

3. 关于主键,下面说法中不正确的是(　　)

　　A. 主键约束不能输入 NULL 值

　　B. 在一个表中不能存在主键完全相同的两条记录

　　C. 一个表上可以有多个主键

　　D. 主键是通过数据表中一列或多列组合的数据来唯一标识表中的每一行数据

4. 关于外键,下面说法中不正确的是(　　)

　　A. 外键由表的一列或多列组成

　　B. 外键约束用来维护两个表之间数据的一致性

　　C. 一个表的主键属性在另一个表中出现,此时该主键就是另一个表的外键

　　D. 以上都不正确

5. 每名职员只能属于一个部门,一个部门可以有多名职员,从职员到部门的联系类型是(　　)。

　　A. 多对多　　　　　　B. 一对一　　　　　　C. 多对一　　　　　　D. 一对多

三、问答题

说明超键、候选键、主键、外键区别与联系。

四、设计题

1. 某教学管理系统涉及教师、学生、课程、教室四个实体,请画出 E-R 图。

教师:职工号、姓名、年龄、职称

学生:学号、姓名、年龄、性别

课程：课程号、课程名、课时数

教室：教室编号、地址、容量

这些实体间联系如下：一名教师可讲授多门课程，一门课程只能被一名教师讲授；一名学生选修多门课程，每门课程有多名学生选修，学生学习有成绩；一门课只在一个教室上，一个教室可上多门课。

2. 某企业集团有若干工厂，每个工厂生产多种产品，且每种产品可以在多个工厂生产，每个工厂按照固定的计划数量生产产品；每个工厂聘用多名职工，且每名职工只能在一个工厂工作，工厂聘用职工有聘期和工资。

工厂的属性有：工厂编号、厂名、地址

产品的属性有：产品编号、产品名、规格

职工的属性有：职工号、姓名

根据上述语义画出 E-R 图，在 E-R 图中需注明实体的属性、联系的类型及实体的标识符。

单元二自测题

单元三

推陈出新——数据库模型转换

导学

在盖一座楼房时首先要经过规划设计、地基和基础、主体结构、屋面、装饰与装修、设备管道等施工步骤。数据库设计是一项涉及多学科的综合性技术，同盖楼房一样，是一项庞大的工程项目。数据库设计通常分为 6 个阶段。

（1）需求分析。分析用户的需求，包括数据、功能和性能需求。

（2）概念结构设计。设计数据库的 E-R 模型图，确认需求信息的正确和完整。

（3）逻辑结构设计阶段。将 E-R 模型转换为多张表，进行逻辑设计，并应用数据库设计三大范式进行审核。

（4）数据库物理设计阶段。为所设计的数据库选择合适的存储结构和存取路径。

（5）数据库实施阶段。包括编程、测试和试运行。

（6）数据库运行与维护。系统的运行与数据库的日常维护。

在单元二中进行了数据库的概念结构设计，也就是 E-R 模型的设计，本章学习数据库的逻辑结构设计。

本单元的学习任务

（1）掌握实体与不同类型联系转换为关系模型的规则；

（2）学会找到转换后关系模型的键。

3.1　E-R 模型到关系模型转换

数据库逻辑结构设计的任务是把概念结构设计阶段设计好的基本 E-R 图转换为与所用的具体计算机上的 DBMS 所支持的数据模型相符合的逻辑结构，也就是导出特定的 DBMS 可以处理的数据库逻辑结构，这些模式在功能、性能、完整性和一致性方面要满足应用要求。

3.1 E-R 模型到关系模型的转换

1. 逻辑结构设计的步骤

特定的 DBMS 可以支持的组织层数据模型包括关系模型、网状模型、层次模型和面向对象模型等。设计逻辑结构应该选择最适合于描述与表达相应概念结构的数据模型，然后选择最合适的 DBMS。在设计逻辑结构时一般包括以下三个步骤。

（1）将概念结构转换为一般的关系、网状、层次模型；

（2）将转换的关系、网状、层次模型向特定 DBMS 支持下的数据模型转换；

（3）对数据模型进行优化。

目前，新设计的数据库应用系统大多都采用支持关系数据模型的 DBMS，所以下面介绍 E-R 图向关系数据模型转换的原则和方法。

2. E-R 图向关系模型的转换

关系模型的逻辑结构是一组关系模式的组合，而 E-R 图是由实体、实体的属性和实体间的联系三个要素组成的，所以将 E-R 图转换为关系模型实质上就是将实体、属性和实体间联系转换为关系模式。E-R 图向关系模型转换的关键就是如何将实体和实体间的联系转换为关系模式，如何确定这些关系模式的属性和键。

3.1.1 独立实体到关系模型的转换

独立实体转换为关系模型时，一个实体对应一个关系模型，实体名即为关系模型的名称，实体的属性为关系模型的属性，实体的键就是关系模型的键。

【例 3-1】 将学生实体 E-R 图（见图 3-1）转换为关系模型。

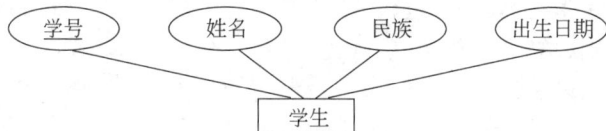

图 3-1 学生实体的 E-R 图

分析 按照独立实体到关系模型转换的方法，关系模型的名称为学生，关系模型的属性为学号、姓名、民族、出生日期。得到学生关系模型即学生(学号,姓名,民族,出生日期)。其中下划线标注的属性代表关键字。

在对实体进行转换时需要注意以下问题。

（1）属性域问题。如果所选用的 DBMS 不支持 E-R 图中的某些属性域，则应作相应的修改，否则由应用程序处理转换。

（2）非原子属性问题。E-R 图中允许非原子属性，这不符合关系模型的第一范式条件，必须做出相应处理。第一范式的相关知识将在单元四中介绍。

3.1.2 1:1 联系到关系模型的转换

1:1 联系转换为关系模型有两种方法。

方法一：将1∶1联系转换为一个独立的关系模式。与该联系相连的各实体的属性以及联系本身的属性均转换为关系模式的属性,每个实体的键均是该关系模式的键。

方法二：将1∶1联系与某一端对应的关系模式合并。在该关系模式的属性中加入另一个关系模式的主键和联系本身的属性。为表明关系间的联系,各自增加了对方的关键字作为外部关键字。

【例 3-2】 如图 3-2 所示为校长与学校的 1∶1 联系 E-R 图,利用不同的方法将其转换为相应的关系模式。

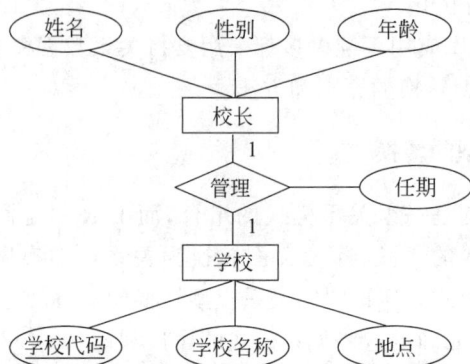

图 3-2 校长和学校的 1∶1 联系 E-R 图

方法一："校长"实体和"学校"实体分别按照独立实体转换为关系模型的方法进行转换,将 1∶1 联系转换为一个独立的关系模式。

图 3-2 转换后的关系模式为：

学校(学校代码,学校名称,地点)

校长(姓名,性别,年龄)

管理(学校代码,姓名,任期)

方法二：将 1∶1 联系与某一端对应的关系模式合并。

将联系与"学校"关系模式合并,增加"姓名""任期"属性,得到以下关系模式：

学校(学校代码,学校名称,地点,姓名,任期)

校长(姓名,性别,年龄)

也可以将联系与"校长"关系模式合并,增加"学校代码""任期"属性,得到以下关系模式：

学校(学校代码,学校名称,地点)

校长(姓名,性别,年龄,学校代码,任期)

3.1.3 1∶n 联系到关系模型的转换

1∶n 联系转换为关系模型有两种方法。

方法一：将 1∶n 联系转换为一个独立的关系模式,则与该联系相连的各实体的主键以及联系本身的属性均转换为关系的属性,而关系的主键为 n 端实体的主键。

方法二：将 1∶n 联系与 n 端对应的关系模式合并,合并后关系的属性为在 n 端关系中加入 1 端关系的键和联系本身的属性,而合并后关系的键不变。

【例 3-3】 如图 3-3 所示为班级和学生的 1∶n 联系 E-R 图,假设一名学生只能在一个班级学习,一个班级包含多名学生。利用不同的方法将其转换为相应的关系模式。

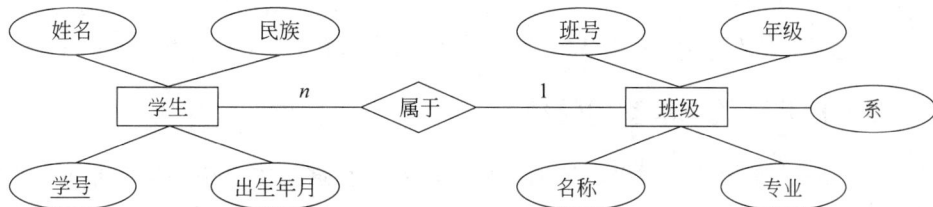

图 3-3 学生和班级的 1∶n 联系 E-R 图

方法一:"学生"实体和"班级"实体分别按照独立实体转换为关系模型的方法进行转化,将 1∶n 联系转换为一个独立的关系模式。

转换后的关系模式为:

学生(学号,姓名,民族,出生年月)

班级(班号,名称,年级,专业,系)

属于(学号,班号)

方法二:将 1∶n 联系与 n 端对应的关系模式合并。

转换后的关系模式为:

学生(学号,姓名,民族,出生年月,班号)

班级(班号,名称,年级,专业,系)

在学生关系中增加"班级"中的关键字"班号"作为外部关键字。

3.1.4　m∶n 联系到关系模型的转换

$m∶n$ 联系不能由一个实体的键唯一标识,必须由所关联实体的键共同标识。另外,必须将联系单独转换为一个独立的关系模式,与该联系相连的各实体的主键及联系本身的属性均转换为关系模式的属性。关系模式的主键为各实体主键的组合。

【例 3-4】 如图 3-4 所示为学生和课程 $m∶n$ 联系 E-R 图,假设一名学生可以选修多门课程,一门课程可以由多名学生选修。学生和课程为多对多联系。

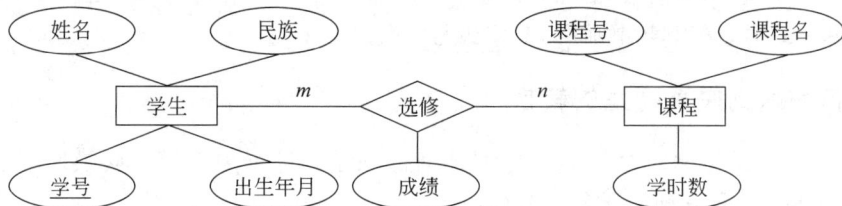

图 3-4 学生和课程的 $m∶n$ 联系 E-R 图

"学生"实体和"课程"实体分别按照独立实体转换为关系模型的方法进行转换,$m∶n$ 联系转换为独立的关系模式。

转换后的关系模式为：

学生(<u>学号</u>,姓名,民族,出生年月)

课程(<u>课程号</u>,课程名,学时数)

选修(<u>学号</u>,<u>课程号</u>,成绩)

其中,"学生"实体的键"学号"与"课程"实体的键"课程号"作为选修关系的主键。

3.1.5　多元联系到关系模型的转换

所谓多元联系是指涉及两个以上的实体的联系。在进行关系模型的转换时,应建立一个单独的关系表,将该联系所涉及的全部实体的关键字作为该关系表的外部关键字,再加上适当的其他属性。

【例 3-5】 有课程表,共涉及班级、课程、教师、教室 4 个实体,E-R 图如图 3-5 所示。

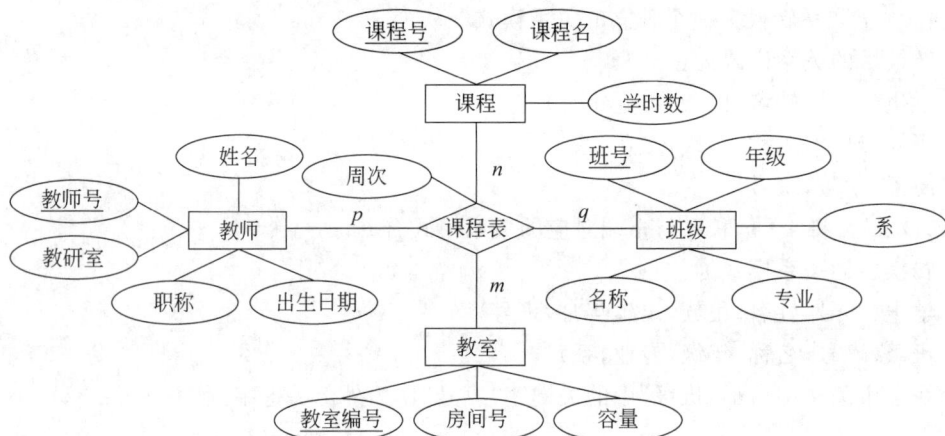

图 3-5　课程表多元联系 E-R 图

转换后的关系模式为：

课程(<u>课程号</u>,课程名,学时数)

教师(<u>教师号</u>,姓名,教研室,职称,出生日期)

班级(<u>班号</u>,名称,年级,专业,系)

教室(<u>教室编号</u>,房间号,容量)

课程表(<u>班号</u>,<u>课程号</u>,<u>教师号</u>,<u>教室编号</u>,周次)

3.1.6　自联系到关系模型的转换

所谓自联系是指同一个实体类中实体间的联系。进行关系模型转换时,可按上述 $1:1$、$1:n$ 和 $m:n$ 三种情况分别进行转换。

【例 3-6】 每个班有多名学生,学生中包括一个班长。学生间存在 $1:n$ 联系,其 E-R 图如图 3-6 所示。

分析 按照 $1:n$ 关系模型的转换方法,可以在学生实体所对应的关系模式中多设一个属性,用来作为与学生实体相联系的另一个实体的主键。由于这个联系涉及的是同一个

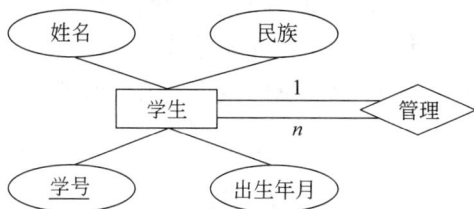

图 3-6 同一实体间的 1∶n 联系 E-R 图

实体,所以增设的这个属性的名称不能与学生实体的主键相同,但它们的值域是相同的。

转换后的关系模式为:

学生(学号,姓名,民族,出生年月,班长编号)

3.2 综合应用案例

【例 3-7】 某企业集团有若干工厂,每个工厂生产多种产品,且每种产品都可以在多个工厂生产,每个工厂按照固定的计划数量生产产品;每个工厂聘用多名职工,且每名职工只能在一个工厂工作,工厂聘用职工有聘期和工资。

要求:根据语义分析得知,有工厂、产品、职工 3 个实体。以下为实体属性。

工厂实体属性包括:工厂编号、厂名、地址,其中工厂编号为主键;

产品实体属性包括:产品编号、产品名、规格,其中产品编号为主键;

职工实体属性包括:职工号、姓名,其中职工号为主键。

各实体之间的联系如下:

工厂与产品为多对多联系,联系的属性为计划数量;

工厂与职工为一对多联系,联系的属性为聘期、工资。

(1)绘制概念模型。绘制的概念模型如图 3-7 所示。

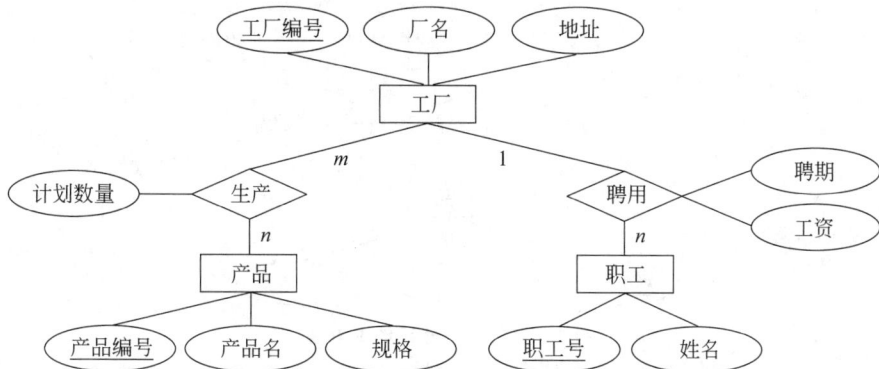

图 3-7 例 3-7 概念模型

(2)将概念模型转换为关系模型。

工厂(工厂编号,厂名,地址),主键:工厂编号

职工(职工号,姓名,工厂编号,聘期,工资),主键:职工号,外键:工厂编号

产品(产品编号,产品名,规格),主键:产品编号

生产(工厂编号,产品编号,计划数量),主键:工厂编号+产品编号;外键:工厂编号、产品编号

单元训练

一、问答题

1. 简述一对一联系如何转换为关系模型,并将图 3-8 所示产品销售系统 E-R 图转换为关系模型。

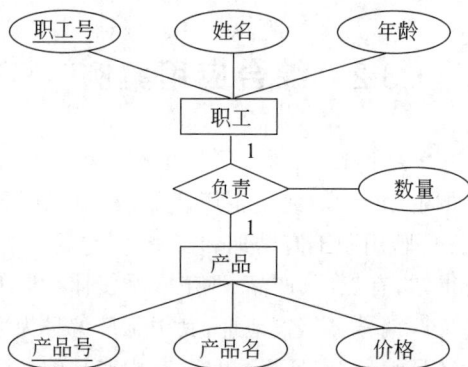

图 3-8 产品销售系统 E-R 图

2. 简述一对多联系如何转换为关系模型,并将图 3-9 所示仓库管理系统 E-R 图转换为关系模型。

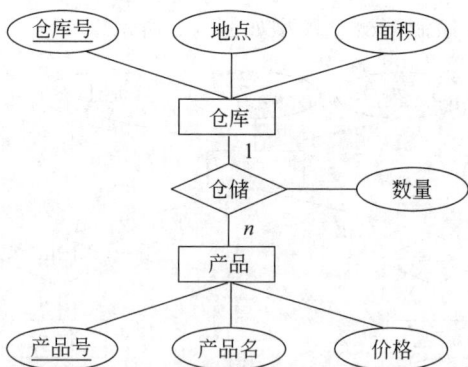

图 3-9 仓库管理系统 E-R 图

二、设计题

1. 某应用包括 3 个实体集。

实体"商店"的属性有:商店编号,店名,店址,店经理。

实体"会员"的属性有：会员编号，会员名，地址。

实体"职工"的属性有：职工编号，职工名，性别，工资。

每家商店有若干职工，但每名职工只能服务于一家商店。每家商店有若干会员，每名会员可以属于多家商店。在联系中应反映出职工参加某商店工作的开始时间、会员的加入时间。

（1）设计该系统数据库的 E-R 图。

（2）将设计好的 E-R 图转换为关系模型。

2. 某系有若干个课程组，每个课程组有若干教师，每名教师可参加若干个课程组；每个课程组管理若干门课程，每门课程只属于一个课程组。请解答如下问题：

（1）根据给定语义画出 E-R 图，并在图上注明属性、联系类型、实体标识符。

（2）将 E-R 图转换成等价的关系模式，并注明每个关系模式的候选键、外键。

单元三自测题

青出于蓝而胜于蓝——数据库规范化

导学

"学习强国"学习平台是以习近平新时代中国特色社会主义思想和党的十九大精神为主要内容,立足全体党员、面向全社会的优质平台。平台提供海量、免费的图文和音视频学习资源。自上线以来,全国各地的党员干部群众把它作为一项必修课题,"学习强国"学习平台已经成为我们强魄铸魂的精神家园。那么,这样一个访问巨大的平台一定需要一个好的数据库模式作为基础,什么样的数据库才是一个好的数据库系统呢?

预习本章内容,思考以下问题。

(1) 说一说一个好的关系模式应该满足什么条件?

(2) 怎样才能设计出好的关系模式?

本单元的学习任务

本单元围绕如何设计规范的数据库进行讲解。

(1) 理解关系模式中属性与属性之间的函数依赖;

(2) 掌握第一范式、第二范式和第三范式的条件;

(3) 能够运用规范化理论设计数据库。

4.1 函 数 依 赖

1. 函数依赖定义

函数依赖讨论的是属性之间的依赖关系,它是语义范畴的概念。

关系模式是由一组属性构成的,而属性之间可能存在着相关联系。例如,一名学生的学号可以决定这名学生的姓名、性别、班级等属性,这就是函数依赖。函数依赖讨论的是属性之间的依赖关系。

设 $R(U)$ 是属性集 U 上的关系模式,X,Y 是 U 的子集,r 是 R 的一具体关系,如果对

r 的任意两个元组 s、t，由 s[X]＝t[X]，能导致 s[Y]＝t[Y]，则称 X 函数决定 Y，或 Y 函数依赖于 X，记为 X→Y，即称为函数依赖(Functional Dependency，FD)。

函数依赖也可以理解为假设 X、Y 分别包含了一个表的某些列，若 X 中列的列值能唯一确定 Y 中列的列值，称 Y 函数依赖于 X，记为 X→Y。

【例 4-1】　假设有学生关系模式，即学生(学号，姓名，性别，出生日期，系号，系名，系主任，课程号，成绩)，试写出相应的函数依赖 FD。

分析　每名学生都有唯一的学号，根据学号可以查出学生的姓名、性别、出生日期、系号、系名、系主任；每个系都有唯一的系号，知道系号就能查出系名、系主任。该关系的主键是学号和课程号的组合，学生关系中存在的函数依赖 FD 为：

FD＝{学号→姓名，学号→性别，学号→出生日期，学号→系号；系号→系名，系号→系主任；(学号，课程号)→成绩}

也可以记为：

学号→姓名，性别，出生日期，系号

系号→系主任，系名

学号，课程号→成绩

说明

(1) 函数依赖是语义范畴的概念。只能根据语义来确定一个函数依赖，而不能按照形式定义来证明一个函数依赖的成立。例如，姓名→班级这个函数依赖只有在没有同名的前提下才能成立。

(2) 函数依赖不是指关系模式 R 的某个或某些关系满足的约束条件，而是指 R 中的所有关系均要满足的约束条件。

【例 4-2】　设关系模式 R(A，B，C，D)，假设 A 与 B 为一对多联系，而 C 与 D 为一对一联系，试写出相应的函数依赖 FD。

分析　由于 A 与 B 为一对多联系，即每个 A 值有多个 B 值与之对应，即 B 值决定 A 值，可写出 FD：B→A。

由于 C 与 D 为一对一联系，可写出 FD：D→C 和 C→D。

结论　一对多关系的 FD 为多端决定一端。

扩充定义　若 X→Y，且 Y⊆X，则称 X→Y 是平凡的函数依赖，反之则称为非平凡的函数依赖。

【例 4-3】　有学生关系模式，即学生(学号，姓名，性别，出生日期，系号，系主任，课程号，成绩)，请分析其函数依赖关系。

分析　根据题意得到 FD：

(学号，姓名)→姓名为平凡的函数依赖

学号→学号为平凡的函数依赖

学号→姓名为非平凡的函数依赖

(学号，课程号)→成绩为非平凡的函数依赖

由于平凡的函数依赖是不可能不成立的，所以本章主要研究非平凡的函数依赖。

2. 函数依赖与关键码的关系

关系的键包括超键、候选键、主键和外键,函数依赖与关系的键有什么联系呢? 由于超键中可能有无关的属性,而主键和候选键中没有多余的属性。主键和候选键的区别是:主键是设计者选中的,是候选键的一种。

推理　关系模式 R(U),若 X→U,则 X 是 R 的超键。而 X 任一子集 X1,X1→U 不成立,则 X 是 R 的候选键。

【例 4-4】　有"学生选课"关系模式:R(学号,姓名,性别,课程号,课程名,成绩)。分析其候选键。

分析　根据题意,有 FD:(学号,课程号)→(学号,姓名,性别,课程号,课程名,成绩),而学号→(学号,姓名,性别,课程号,课程名)不成立,即(学号,课程号)为关系模式 R(U)的超键,也是候选键。

有 FD:(学号,姓名,课程号)→(学号,姓名,性别,课程号,课程名,成绩)

但因有 FD:(学号,课程号)→(学号,姓名,性别,课程号,课程名,成绩),即(学号,姓名,课程号)只是超键而非候选键。

结论　关系模式 R(U),若 X 是 R 的候选键,则对任意 Y⊆U 均有 X→Y。

【例 4-5】　请说一说例 4-4 中,"学生选课"关系模式:R(学号,姓名,性别,课程号,课程名,成绩)的函数依赖。

分析　由于(学号,课程号)为"学生选课"关系 R 的候选键,因此存在以下函数依赖:

(学号,课程号)→(学号,姓名,性别,课程号,课程名,成绩)

(学号,课程号)→(学号,姓名,性别)

(学号,课程号)→(课程号,课程名)

(学号,课程号)→(成绩)

3. 函数依赖的分类

设 R(U)是属性集 U 上的关系模式,X、Y、Z 是 U 的不同子集,非空且不互相包含,函数依赖可分为完全函数依赖、部分函数依赖、传递函数依赖三类。

如果 X→Y 成立,但对 X 的任意真子集 X1,都有 X1→Y 不成立,称 Y 完全函数依赖于 X,否则,称 Y 部分函数依赖于 X。

Y 完全函数依赖于 X 记作:$X \xrightarrow{f} Y$;

Y 部分函数依赖于 X 记作:$X \xrightarrow{p} Y$。

【例 4-6】　请分析例 4-1 中,学生关系模式学生(学号,姓名,性别,出生日期,系号,系名,系主任,课程号,成绩)存在的完全函数依赖和部分函数依赖。

分析　根据完全函数依赖和部分函数依赖的定义,可以得到学生关系的函数依赖 FD 为:

学号→姓名,性别,出生日期,系号

系号→系主任,系名

学号,课程号 $\xrightarrow{f}$ 成绩

学号,课程号 $\xrightarrow{p}$ 姓名,性别,出生日期,系号,系名,系主任

【例 4-7】 指出在例 4-4 中,学生选课关系 R 中存在的完全函数依赖和部分函数依赖。

分析 由定义可知,左部为单属性的函数依赖一定是完全函数依赖,所以,学号→姓名、学号→性别、课程号→课程名都是完全函数依赖。而对于左部为多个属性组合而成的函数依赖,要看其真子集能否决定右部属性。

由分析可知,(学号,课程号)→成绩是一个完全函数依赖,因为学号不能决定成绩,课程号也不能决定成绩;而(学号,课程号)→姓名、(学号,课程号)→性别、(学号,课程号)→课程名都是部分函数依赖。因为学号→姓名、学号→成绩、课程号→课程名。

定义 设 X,Y,Z 是关系模式 R 的不同属性集,若 X→Y(且 Y→X 不成立),Y→Z(Z⊈Y),称 X 传递决定 Z,或称 Z 传递函数依赖于 X,记作:X $\xrightarrow{t}$ Z。

【例 4-8】 请分析例 4-1 中学生关系模式学生(学号,姓名,性别,出生日期,系号,系名,系主任,课程号,成绩)是否存在传递函数依赖。

分析 根据传递函数依赖的定义,因为:

学号→姓名,性别,出生日期,系号

系号→系主任,系名

所以:

学号 $\xrightarrow{t}$ 系主任,系名

学号,课程号 $\xrightarrow{f}$ 成绩

学号,课程号 $\xrightarrow{p}$ 姓名,性别,出生日期,系号,系名,系主任

4.2 范 式

4.2.1 关系模式不合理带来的规范化问题

规范化理论主要研究关系模式中属性与属性之间的函数依赖,通过函数依赖来定义范式,从而构造一个满足用户需求并且性能良好的数据库模式,并建立数据库及其应用系统。关系数据库的规范化理论是数据库逻辑结构设计的理论指南。

4.2 关系模式的范式

对于关系数据库来说,设计任务就是构造哪些关系模式,弄清楚每个关系模式又包含哪些属性,这是数据库逻辑结构设计问题。在模式设计时,如何判断所设计的关系模式是"好"还是"不好"呢?

请分析例 4-4 中,学生选课关系模式 R(学号,姓名,性别,课程号,课程名,成绩)(见表 4-1),这个模式存在哪些问题?

表 4-1　学生选课关系

学号	姓名	性别	课程号	课程名	成绩
1001	黄鹏	男	c001	数据库应用	77
1004	刘玉春	女	c001	数据库应用	62
1006	王玲	女	c001	数据库应用	50
1006	王玲	女	c002	VB程序设计	64
1004	刘玉春	女	c002	VB程序设计	74
1007	李国	男	c003	计算机网络	0

1）数据冗余

数据冗余是指同一个数据在系统中多次重复出现，它也是影响系统性能的一大问题。例如，表 4-1 所示的学生选课关系中，课程号与课程名信息有冗余，相同的课程号对应同一课程名，有多少名学生选修课程，课程名就会出现多少次，这样会造成存储空间的巨大浪费。

2）更新异常

由于数据冗余，当在更新数据库中数据时，有可能会造成数据不一致的情况，系统要付出很大的代价来维护数据库的一致性。例如，将记录('1004','刘玉春','女','c001','数据库应用',62)改为('1004','刘玉春','女','c001','数据结构',62)，课程号与对应的课程名则出现了不一致现象。

3）插入异常

学生选课关系中，假设插入记录(null,null,null,'c004','操作系统',null)，学号为 null代表没有学生选修课程，但由于主键学号不允许为空，所以该操作将不能执行。

4）删除异常

一条学生的选课信息被删除后，与其相关的课程信息也被删除。假设删除记录('1007','李国','男','c003','计算机网络',0)，则该学生的信息以及课程信息将全部删除，造成了数据的不完整。

从上面的分析可以看出，该关系模式并不是一个好的模式。一个好的模式不应出现大量的数据冗余、数据更新、插入、删除操作异常。

关系数据库规范化理论就是用来改造"不好的"关系模式，通过分解关系模式来消除其中不合适的数据依赖，以解决插入异常、删除异常、更新异常和数据冗余等问题。

4.2.2　关系模式的第一范式

1. 什么是范式

为了使数据库设计的方法更加完备，人们研究了规范化理论。在关系数据库中，通过定义一组范式，来反映数据库的操作性能，而在关系数据库中，则将满足不同要求的关系等级就称为范式（Normal Form），主要用来评价关系模式的优劣。

这一规范化理论是由 E.F.Codd 最早提出的。经过不断的研究探索定义了 6 种范式，即第一范式（1NF）、第二范式（2NF）、第三范式（3NF）、BCNF 范式（BCNF）、第四范式

(4NF)和第五范式(5NF)。这 6 种范式的规范化程度依次增强,它们之间是一种包含的关系。即 $5NF \subset 4NF \subset BCNF \subset 3NF \subset 2NF \subset 1NF$。

关系模式符合某个范式,是指该关系满足某些确定的约束条件,从而具有一定的性质。关系模式的规范化就是指由一个低级范式通过模式分解逐步转换为若干个高级范式的过程,其目的是控制数据冗余、避免输入的操作异常,从而增强数据库结构的稳定性和灵活性。规范化过程的实质是以结构更简单、更规则的关系模式逐步取代原有关系模式的过程。

需要注意的是,规范化是用于消除不合适的数据依赖,规范化程度越高,越能避免出现插入、删除、修改等操作所造成的异常问题,但是并不是规范化程度越高越好,因为规范化程度越高,关系拆分的越多,就会增加表间关系的复杂性,增加查询信息所花费的时间。在设计数据库关系模式结构时,必须对现实世界的实际情况和用户应用需求作进一步分析,确定一个合适的规范化模式。

2. 第一范式定义

如果关系模式 R 的所有属性是不可分的基本数据项,则称 R 为第一范式,简称1NF,记为 $R \in 1NF$。

由 1NF 的定义可知,第一范式是一个不含重复组的关系。为了与规范化关系区别,把不满足 1NF 的关系称为非规范化的关系。关系数据库所研究的关系都是规范化的关系,即 1NF 是关系模式应具备的基本条件。在关系数据库系统中,所有的关系结构都必须是规范化的,即至少是第一范式的。

3. 第一范式应满足的条件

(1) 在关系的属性集中不存在组合属性。例如,课程关系见表 4-2,其中学时数又被分为理论学时和实验学时两列,所以相应的关系模式课程(课程名,学时数(理论学时,实验学时))不满足 1NF。

表 4-2　课程关系

课程名	学 时 数	
	理 论 学 时	实 验 学 时
计算机基础	32	32
程序设计	36	32

(2) 关系中不存在重复组。例如,比赛名单关系见表 4-3,其中系别为"计算机系"的数据是一个重复组,相应的关系模式不满足 1NF。

表 4-3　比赛名单关系

系别	分类	100 米	200 米	400 米
计算机系	甲组	王洪	孙亮	刘娜
	乙组	宋瑞	赵洁	李刚刚

4. 关系规范化方法

(1) 如果关系模式中有组合属性,则去掉组合属性,这样可以将其转换成 1NF。

【例 4-9】 请将表 4-2 所示关系转换为符合 1NF 的关系。

分析　在表 4-2 所示关系中,去掉组合属性,将组合属性转换为 2 个属性,得到相应的关系模式为课程(课程名,理论学时,实验学时),见表 4-4。

表 4-4　课程关系

课程名	理论学时	实验学时
计算机基础	32	32
程序设计	36	32

也可以将学时数作为一个基本的属性,从而取消该组合属性,得到相应的关系模式为课程(课程名,学时),见表 4-5。

表 4-5　课程关系

课程名	学时
计算机基础	64
程序设计	68

(2) 如果关系中存在重复组,则应对其进行拆分。

【例 4-10】 见表 4-3,将重复的组进行拆分,得到相应的关系模式为比赛名单(系别,分类,100 米,200 米,400 米),见表 4-6。

表 4-6　比赛名单关系

系别	分类	100 米	200 米	400 米
计算机系	甲组	王洪	孙亮	刘娜
计算机系	乙组	宋瑞	赵洁	李刚刚

如果第一范式的关系不能保证关系模式的合理性,例如存在数据冗余、插入异常、删除异常等问题,则关系必须向它的高一级范式进行转换。

4.2.3　关系模式的第二范式

1. 第二范式定义

如果关系 R∈1NF,且 R 中的每个非主属性都完全函数依赖于 R 的任意候选键,则关系 R 属于第二范式,记为 R∈2NF。

2. 2NF 应满足的条件

由 2NF 的定义可知,若某个关系的键只由一列组成,那么这个关系就是 2NF 关系。如果关系的键由多个属性构成,则需要讨论是否有非主属性部分依赖于键,若有,则该关系不满足 2NF。

【例 4-11】　分析学生关系模式：学生(学号,姓名,性别,出生日期,系号,系名,系主任,课程号,成绩)是否符合第二范式。

分析　学生关系中各列不能再分,因此满足 1NF。但学生关系因存在部分函数依赖 FD,即学号,课程号$\overset{p}{\longrightarrow}$姓名,性别,出生日期,系号,系名,系主任,所以不符合第二范式,要通过关系分解来消除部分函数依赖,以使其满足 2NF。

3. 投影分解法

可以采用投影分解法将一个 1NF 的关系分解为多个 2NF 的关系,在一定程度上减少原 1NF 关系中存在的数据冗余、更新异常、插入异常、删除异常等问题。

具体分解方法如下：

(1) 用组成键的属性集合的每个子集作为键构成一个表；

(2) 将依赖于这些键的属性放置到相应的表中；

(3) 去掉只有键的子集构成的表。

【例 4-12】　将例 4-6 中的学生关系修改为满足 2NF 的关系。

分析　按照投影分解法进行分解,得到两个新的关系,如下：

学生(学号,姓名,性别,出生日期,系号,系名,系主任)$\in$2NF

选课(学号,课程号,成绩)$\in$2NF

学生关系的函数依赖集 FD 为：

学号$\overset{f}{\longrightarrow}$姓名,性别,出生日期,系号

系号$\overset{f}{\longrightarrow}$系名,系主任

学号$\overset{t}{\longrightarrow}$系主任,系名

选课关系的函数依赖集 FD 为：

(学号,课程号)$\overset{f}{\longrightarrow}$成绩

第二范式的关系相对于第一范式的关系减少了数据冗余,但还是存在数据冗余现象。而且,数据库仍然会出现更新异常、插入异常、删除异常的问题,并没有彻底解决数据操作的异常情况,还需要进一步转换。

4.2.4　关系模式的第三范式

1. 第三范式定义

如果关系 R$\in$2NF,且 R 中不存在传递依赖性,则关系 R 属于第三范式,记为 R$\in$3NF。

满足 3NF 的关系中不存在传递依赖,即没有一个非主属性依赖于另一个非主属性,或者说没有一个非主属性决定另一个非主属性。

【例 4-13】　请分析例 4-12 中的学生关系和选课关系,判断关系模式学生(学号,姓

名,性别,出生日期,系号,系名、系主任)和选课(学号,课程号,成绩)是否属于第三范式。

分析 由于在学生关系中,存在学号→系号,系号→系名,系主任依赖关系,因此系主任和系名传递依赖于学号。所以学生关系不属于 3NF。

2. 第三范式的性质

定理 若关系模式 R 符合 3NF 条件,则 R 一定符合 2NF 条件。

推论 1 如果关系模式 R∈1NF,且它的每个非主属性既不部分依赖、也不传递依赖于任何候选键,则 R∈3NF。

推论 2 不存在非主属性的关系模式一定为 3NF。

可以得到如下结论:

结论 1 3NF 要求每个非主属性必须由候选键决定。

结论 2 2NF 只要求每个非主属性不能由候选键的一部分(但可以是非候选键)决定,3NF 要求每个非主属性都不能依赖于非候选键。

3. 第三范式的分解

将 2NF 转换为 3NF 的方法是去掉传递函数依赖。具体步骤如下:

(1) 对于不是候选码的每个决定因子,从关系模式中删去依赖于它的所有属性;

(2) 新建一个关系模式,新关系模式中包含在原关系模式中所有依赖于该决定因子的属性;

(3) 将决定因子作为新关系模式的键。

【例 4-14】 请将例 4-12 中的学生关系和选课关系进行分解,使其满足 3NF 的要求。

分析 按照第三范式的分解方法分解关系模式,可分解学生关系"学生(学号,姓名,性别,出生日期,系号,系名,系主任)"得到两个新的关系:

学生(学号,姓名,性别,出生日期,系号)∈3NF

系(系号,系名,系主任)∈3NF

学生关系模式的键为学号,系关系模式的键为系号,分解后两个关系不存在传递依赖关系。

在选课关系模式中,选课(学号,课程号,成绩)∈3NF。

例 4-1 将学生关系经过规范化,一步步分解成了三个关系模式,分别为学生关系、系关系和选课关系。使用这三张表设计数据库,数据库符合 3NF 的要求,是一个规范的数据库。

4. 范式小结

由此可以看出,一般关系的报表可以通过表格的规范化转换,使其符合 1NF;第一范式在消除了部分函数依赖关系后可以转换为 2NF;而第二范式在消除了传递函数依赖关系后可以转换为 3NF。范式转换过程如图 4-1 所示。

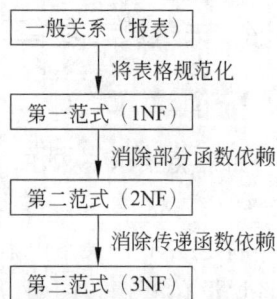

```
┌──────────────┐
│ 一般关系（报表）│
└──────────────┘
       │ 将表格规范化
       ▼
┌──────────────┐
│ 第一范式（1NF）│
└──────────────┘
       │ 消除部分函数依赖
       ▼
┌──────────────┐
│ 第二范式（2NF）│
└──────────────┘
       │ 消除传递函数依赖
       ▼
┌──────────────┐
│ 第三范式（3NF）│
└──────────────┘
```

图 4-1 范式转换过程

4.3 综合应用案例

【例 4-15】 有成绩管理关系模式为成绩管理(学号,姓名,生日,性别,城市名,长途区号,课程名,学期,学分,成绩)。

(1) 试写出关系模式 R 基本的函数依赖。

(2) 试把 R 分解成 2NF 模式集并说明理由。

(3) 试把 R 分解成 3NF 模式集并说明理由。

分析

(1) 根据成绩管理关系的语义,可以得到如下的函数依赖 FD:

学号→姓名,生日,性别,所在城市

城市名→长途区号

课程名→学期,学分

学号,课程名$\xrightarrow{f}$成绩

学号,课程名$\xrightarrow{p}$姓名,生日,性别,所在城市,学期,学分

(2) 由于存在姓名,生日,性别,所在城市,学期,学分对(学号,课程名)的部分函数依赖,所以关系模式 R 不符合 2NF,消除部分函数依赖,可将 R 分解为 2NF 模式集:

学生(学号,姓名,生日,性别,城市名,长途区号)∈2NF

课程(课程名,学期,学分)∈2NF

成绩(学号,课程名,成绩)∈2NF

(3) 在分解的 2NF 模式集中,由于学生关系模式存在传递依赖:

学号→城市名

城市名→长途区号

因此,学号$\xrightarrow{t}$长途区号,不符合 3NF。消除传递函数依赖后将关系转换为:

学生(学号,姓名,生日,性别,城市名)∈3NF

城市(城市名,长途区号)∈3NF

课程(课程名,学期,学分)∈3NF

成绩(学号,课程名,成绩)∈3NF

单元训练

设计题

1. 有关系模式:职工信息(职工号,姓名,职称,项目号,项目名称,项目排名)。确定关系模式的键,并判断其是否是 1NF,并将该关系模式分解为 2NF。

2. 设某学校数据库中有一关系模式 R(学号,姓名,系名,系主任,课程名,成绩),如果规定:

（1）一个系有若干名学生，但一名学生只属于一个系。

（2）一个系只有一名系主任。

（3）一名学生可以选修多门课程，每门课程有若干学生选修。

试回答下列问题：

（1）写出关系模式 R 的基本函数依赖。

（2）找出关系模式 R 的候选键。

（3）试问关系模式 R 最高可达到第几范式？为什么？

（4）如果 R 不属于 3NF，请将 R 分解成 3NF 模式集。

3. 设关系模式 R（S♯、C♯、GRADE、TNAME、TADDR），其属性分别为学生学号、选修课程的编号、成绩、任课教师姓名、任课教师地址。如果规定：

（1）每名学生每学一门课只有一个成绩；

（2）每门课只有一名教师任教；

（3）每名教师只有一个地址（此处不允许教师同名同姓）。

试写出：

（1）关系模式 R 基本的函数依赖和候选键；

（2）试把 R 分解成 2NF 模式集并说明理由；

（3）试把 R 分解成 3NF 模式集并说明理由。

单元四自测题

◆ 项目二 ◆

MySQL数据库创建

初识庐山真面目——MySQL 数据库

导学

在数据经济时代,大数据是一个国家发达程度的表现。大数据已经成为国家战略,谁掌握了数据,谁就掌握了主动权。而大数据首先所面临的问题就是大数据的存储问题。MySQL 是一个关系型数据库,在众多的数据库系统管理软件中,MySQL 数据库以其快速、便捷和易用等优势,成为最受欢迎的数据库之一。国内很多大型企业都选用 MySQL 数据库进行数据支持服务。在本单元中将学习使用 MySQL 创建与管理数据库的操作。

预习本单元内容,思考以下问题。

使用 MySQL 如何创建并查看学生选课系统数据库?

本单元的学习任务

了解 MySQL 基础知识,掌握创建和管理数据库的方法。

(1) 掌握 MySQL 服务器的启动、停止、登录和退出的方法;

(2) 了解 MySQL 系统数据库;

(3) 掌握创建、查看、选择、修改和删除数据库的方法。

5.1 MySQL 数据库

5.1.1 MySQL 数据库简介

MySQL 是一种开放源代码的关系数据库管理系统,MySQL 由瑞典 MySQL AB 公司开发,目前属于 Oracle 旗下产品。MySQL 是一种开源的且流行的关系数据库管理系统之一,其主要目标是快速、健壮和易用。在 Web 应用方面,MySQL 是最好的关系数据库管理系统应用软件之一。

与其他的大型数据库(如 Oracle、DB2、SQL Server 等)相比,虽然 MySQL 规模小且功能有限,但对于一般的个人使用者和中小型企业来说,MySQL 提供的功能已经绰绰有余,而且由于 MySQL 是开放源码软件,因此可以大大降低使用成本。

5.1.2　MySQL 数据库特点

MySQL 是一个真正的多用户、多线程 SQL 数据库服务器。SQL(结构化查询语言)是世界上最流行的、标准化的数据库语言。MySQL 的特性如下。

(1) 使用 C 和 C++ 编写,并使用了多种编译器进行测试,保证源代码的可移植性。

(2) 支持 AIX、FreeBSD、HP-UX、Linux、Mac OS、Novell Netware、OpenBSD、OS/2 Wrap、Solaris、Windows 等多种操作系统。

(3) 为多种编程语言提供了 API。这些编程语言包括 C、C++、Python、Java、Perl、PHP、Eiffel、Ruby 和 Tcl 等。

(4) 支持多线程,充分利用了 CPU 资源。

(5) 优化的 SQL 查询算法,有效地提高查询速度。

(6) 既能够作为一个单独的应用程序应用在客户端/服务器网络环境中,也能够作为一个库而嵌入其他的软件中以提供多语言支持,常见的编码如中文的 GB2312、BIG5,日文的 Shift_JIS 等都可以用作数据表名和数据列名。

(7) 提供 TCP/IP、ODBC 和 JDBC 等多种数据库连接途径。

(8) 提供用于管理、检查、优化数据库操作的管理工具。

(9) 可以处理拥有上千万条记录的大型数据库。

5.1.3　MySQL 数据库的安装与配置

MySQL 是一款开源的数据库软件,支持多种操作系统。安装文件可以在 MySQL 官方网站 http://www.mysql.com 下载,本教材选用 MySQL 8 版本,MySQL 版本会不断更新,最新版本下载地址为 https://dev.mysql.com/downloads/mysql/。具体安装方法请参考 MySQL 官方安装文档。

5.1.4　MySQL 服务器的启动、连接、断开和停止

MySQL 服务器安装成功后,通过系统服务器和命令提示符(DOS)都可以进行启动、连接、断开和停止 MySQL 服务器操作。下面以 Windows 10 操作系统为例,讲解具体的操作方法。

1. 启动和停止 MySQL 服务器

1) 通过系统服务器启动和停止 MySQL 服务器

右击桌面上的"此电脑"图标,在弹出的快捷菜单中选择"管理"命令,在打开的"计算机管理"窗口中,单击左侧边栏的"服务和应用程序",选择"服务"选项,在右侧的窗口找到 MySQL 服务并右击,在弹出的快捷菜单中选择不同的命令,以完成 MySQL 服务的各种操作(启动、停止、暂停、恢复和重新启动),如图 5-1 所示。

2) 通过命令提示符启动和停止 MySQL 服务器

以管理员身份打开系统命令提示符,启动 MySQL 服务器语句格式如下:

```
net start service
```

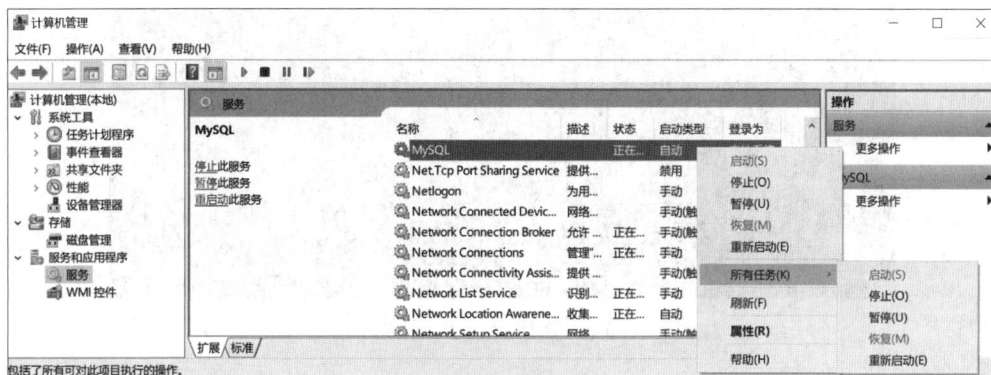

图 5-1　通过系统服务器启动和停止 MySQL 服务器

停止 MySQL 服务器语句格式如下：

```
net stop service
```

在以上两条语句中，service 为安装 MySQL 时设置的 MySQL 服务名称，如图 5-2 所示。

图 5-2　通过命令提示符启动和停止 MySQL 服务器

2. 连接与断开 MySQL 服务器

1）连接 MySQL 服务器

语句格式如下：

```
mysql -u root [-h 127.0.0.1|localhost] -p
```

参数说明

- mysql：登录命令。
- -u：后面跟登录数据库的用户名称，在这里为 root。
- -h：可选项，参数是服务器的主机地址，客户端和服务器在同一台机器上，输入 localhost 或者 IP 地址。
- -p：后面是用户登录密码。按回车键，系统会提示输入密码（Enter password），输入在配置向导中设置的密码。

完成 MySQL 系统的环境配置后，以管理员身份打开系统命令提示符，输入命令 mysql -u root　-p，输入密码，即可登录 MySQL 服务器，如图 5-3 所示。

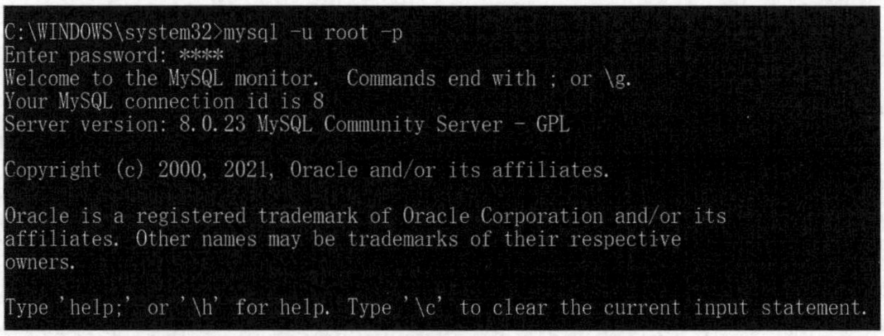

图 5-3　连接 MySQL 服务器

2）断开 MySQL 服务器

语句格式如下：

exit;

或

quit;

图 5-4　断开 MySQL
服务器

在 MySQL 提示符下退出 MySQL 服务器，如图 5-4 所示。

5.2　MySQL

5.2.1　MySQL 简介

MySQL 使用最常用的数据库管理语言——结构化查询语言（SQL）进行数据库管理。

SQL（Structured Query Language，结构化查询语言）是一种数据库查询和程序设计语言，用于存取数据以及查询、更新和管理关系数据库系统，也是目前主流的关系数据库使用的标准语言。

SQL 由 Boyce 和 Chamberlin 于 1974 年提出，并首先在 IBM 公司研制的关系数据库系统 System R 上实现。1986 年，美国 ANSI 采用 SQL 作为关系数据库管理系统的标准语言（ANSI X3. 135-1986），后被国际标准化组织（ISO）采纳为国际标准。目前，最新的 SQL 标准是 1999 年出版发行的 ANSI SQL-99。

SQL 语句由很少的词组成，这些词称为关键词，每条语句都是由一个或多个关键词组成。所有关系数据库都支持 SQL。与其他计算机语言类似，MySQL 数据库语言包含若干 MySQL 语句、常量、变量、函数、运算符和表达式。

有关 MySQL 数据库语言的几点说明如下。

- MySQL 语句以分号结束，并且 SQL 处理器会忽略空格、制表符和回车符。
- 箭头"→"代表 MySQL 语句没有输入完。
- 取消 MySQL 语句使用 Ctrl＋C 组合键。

- Windows 系统下 MySQL 语句关键字和函数名不区分大小写,但在 Linux 系统下区分大小写。
- 使用函数时,函数名与其后的括号之间不能有空格。

5.2.2 MySQL 分类

SQL 共分为四大类,即数据定义语言(Data Definition Language,DDL)、数据查询语言(Data Query Language,DQL)、数据操纵语言(Data Manipulation Language,DML)、数据控制语言(Data Control Language,DCL)。详见表 5-1。

表 5-1 SQL 分类及功能

语 言 分 类	语 句	说 明
数据定义语言(DDL)	CREATE DATABASE	创建新数据库
	ALTER DATABASE	修改数据库
	CREATE TABLE	创建新表
	ALTER TABLE	变更(改变)数据表
	DROP TABLE	删除表
	CREATE INDEX	创建索引(搜索键)
	DROP INDEX	删除索引
数据查询语言(DQL)	SELECT	从数据表中获取数据
数据操纵语言(DML)	UPDATE	更新数据表中的数据
	DELETE	从数据表中删除数据
	INSERT INTO	向数据表中插入数据
数据控制语言(DCL)	GRANT	授权
	REVOKE	撤销授权
	DENY	拒绝授权
	SAVEPOINT	设置保存点
	ROLLBACK	回滚
	COMMIT	提交

其中,数据定义语言主要用来定义逻辑结构,包括定义基表、视图和索引等;数据查询语言主要用来对数据库中的各种数据对象进行查询;数据操纵语言主要用于改变数据库中的数据,包括插入、删除、修改等操作;数据控制语言主要用于数据库的安全性和完整性控制,主要包括对表和视图的授权、完整性规则的描述以及事务开始和结束等控制语句。

5.3 数据库的创建和管理

数据库是存储数据库对象的容器,在启动并连接 MySQL 服务器后,即可对 MySQL 数据库进行各种操作。MySQL 数据库的管理主要包括数据库的创建、选择当前操作的数据库、显示数据库结构以及删除数据库等操作。

5.3.1 查看数据库 SHOW DATABASE

一个 MySQL 服务实例可以同时承载多个数据库,使用 MySQL 命令 show databases 可以查看 MySQL 服务实例中的所有数据库。

5.3.1 查看
数据库

1. 查看数据库语句

语句格式如下:

```
show <databases|schemas>
[like '模式'];
```

说明   在语句中,尖括号"<>"表示必选项;中括号"[]"表示可选项;竖线"|"表示分隔符两侧的内容为"或"的关系。

参数说明   详见表 5-2。

表 5-2   查看数据库命令参数说明

参　　数	说　　明
databases|schemas	必选项,用于列出当前用户权限范围内所能查看的所有数据库名称
like	可选项,用于指定匹配模式

2. 查看数据库实例

【例 5-1】   查看 MySQL 服务器中的所有数据库。

SQL 语句如下:

```
show databases;
```

执行结果如图 5-5 所示。

说明   安装好 MySQL 数据库后,系统会自带 4 个数据库,见表 5-3。

```
mysql> show databases;

| Database

| information_schema
mysql
performance_schema
sys

4 rows in set (0.00 sec)
```

图 5-5   查看数据库

表 5-3   MySQL 自带数据库介绍

数　据　库	功　　能
information_schema	该数据库保存了 MySQL 服务器所有数据库的信息,比如数据库的名称、数据库中的表名称、访问权限、数据库中表的数据类型、数据库索引的信息等
mysql	MySQL 的核心数据库,主要负责存储数据库的用户、权限设置、关键字等 MySQL 自己需要使用的控制和管理信息
performance_schema	主要用于收集数据库服务器的性能参数,可用于监控服务器在一个较低级别的运行过程中的资源消耗、资源等待及其他
sys	该数据库中的所有数据来自 performance_schema 数据库,目标是把 performance_schema 的复杂度降低,让数据库管理员能够更好地阅读这个库中的内容和更快地了解数据库的运行情况

【例5-2】 查看 MySQL 服务器中以 schema 结尾的数据库。

SQL 语句如下：

```
show databases like '%schema';
```

执行结果如图 5-6 所示。

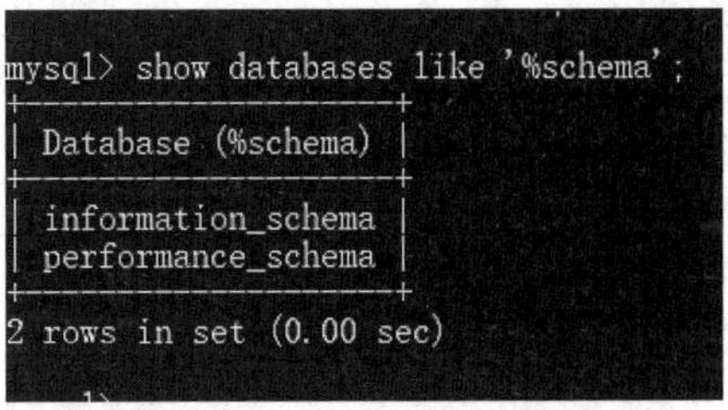

图 5-6 查看指定匹配模式数据库

说明 利用 like 关键字与通配符可以实现模糊查询，常用的通配符有％、_，使用方法见表 5-4。

表 5-4 通配符说明

通配符	说　明	示　例
％	包含零个或多个字符的任意字符串	like '％数据库％' 表示包含"数据库"的字符串
_	下划线，对应任何单个字符	like '_a％' 表示第二个字符为"a"的字符串

5.3.2 创建数据库 CREATE DATABASE

创建数据库是指在系统磁盘上划分一块区域用于数据的存储和管理。在 MySQL 中，可以使用 create database 语句或 create schema 语句创建数据库。

5.3.2 创建数据库

1. 创建数据库语句

语句格式如下：

```
create database|schema [if not exists] <数据库名>
[
    [default] character set[=]字符集 |
    [default] collate[=]校对规则名称
];
```

参数说明 详见表 5-5。

表 5-5 创建数据库命令参数说明

参　数	说　明
if not exists	可选项，表示在创建数据库前进行判断，只有该数据库目前尚未存在时才执行创建语句

参　　数	说　　明
数据库名	必选项,在文件系统中,MySQL 的数据存储区将以目录方式表示 MySQL 数据库
default	可选项,表示指定默认值
character set[=]字符集	可选项,用于指定数据库的字符集,最常用的为 UTF-8 和 GBK,如果不指定字符集,默认为 MySQL 安装目录中 my.ini 文件中指定的 default-character-set 变量的值
collate[=]校对规则名称	可选项,用于指定字符集的校验规则

数据库命名有以下规则。

- 数据库名不能与已存在的数据库重名,否则会发生错误。
- 数据库名可以由任意字母、0～9、下划线_和 $ 字符组成,可以使用上述的任意字符开头,但不能使用单独的数字作为数据库名,否则会造成数据库名与数值相混淆。
- 数据库名最长可以为 64 个字符,而别名最多可以为 256 个字符。
- 不能使用 MySQL 系统关键字作为数据库名、表名。
- 默认情况下,在 Windows 系统下数据库名、表名的大小写是不敏感的,但在 Linux 系统下数据库名、表名的大小写是敏感的。为了便于数据库在不同平台间进行移植,建议采用小写字母来定义数据库名和表名。

2. 创建数据库实例

1) 创建基本数据库

【例 5-3】 创建 student 数据库,并查看 MySQL 服务器中的所有数据库。

SQL 语句如下:

```
create database student;
```

执行结果如图 5-7 所示。

也可以使用"create schema student;"语句创建数据库,两者功能是一样的。

查看数据库使用以下语句:

```
show databases;
```

执行结果如图 5-8 所示,可以看到 MySQL 服务器中包含了 4 个系统自带数据库和 1 个 student 数据库。

图 5-7　创建数据库

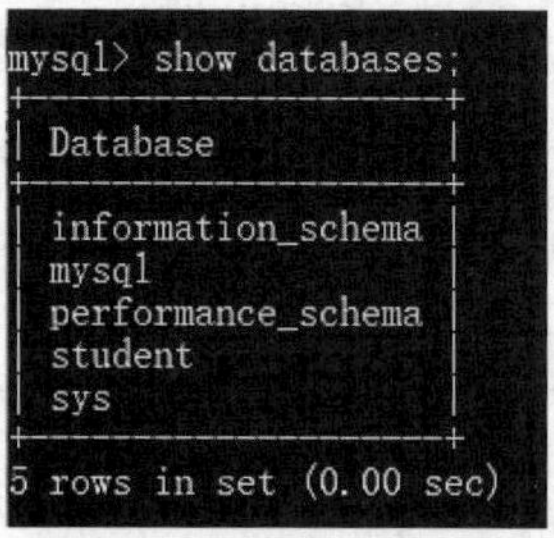

图 5-8　查看 student 数据库

2) 创建指定字符集的数据库

【例 5-4】 创建 db_test 数据库，并指定其字符集为 GBK。

SQL 语句如下：

```
create database db_test
character set=GBK;
```

3) 创建数据库前判断是否存在同名数据库

【例 5-5】 创建数据库 db_test1，并在创建前判断该数据库名称是否存在，只有不存在时才会进行创建。

SQL 语句如下：

```
create database if not exists db_test1;
```

5.3.3 查看数据库定义 SHOW CREATE DATABASE

数据库创建完毕后，可以使用 show create database 命令查看数据库的定义。该命令可以查看数据库的 MySQL 版本 ID 号，默认字符集等信息。

5.3.3 查看数据库定义

语句格式如下：

```
show create database <数据库名>;
```

【例 5-6】 查看 student 数据库的创建信息。

SQL 语句如下：

```
show create database student;
```

执行结果如图 5-9 所示。

```
mysql> show create database student;
+----------+-----------------------------------------------------------------------------------------------------------------+
| Database | Create Database                                                                                                 |
+----------+-----------------------------------------------------------------------------------------------------------------+
| student  | CREATE DATABASE `student` /*!40100 DEFAULT CHARACTER SET utf8 */ /*!80016 DEFAULT ENCRYPTION='N' */              |
+----------+-----------------------------------------------------------------------------------------------------------------+
1 row in set (0.00 sec)
```

图 5-9 查看 student 数据库定义

5.3.4 选择数据库 USE DATABASE

在进行数据库操作之前，必须指定操作的是哪个数据库，只有指定了某个数据库为当前数据库后，才能对该数据库及其存储的数据对象执行操作。可使用 MySQL 提供的 use 语句实现选择一个数据库，使其成为当前数据库。

5.3.4 选择数据库

语句格式如下：

```
use <数据库名>;
```

【**例 5-7**】 选择 student 数据库，设置其为当前默认的数据库。

SQL 语句如下：

```
use student;
```

5.3.5　修改数据库 ALTER DATABASE

创建数据库后，可以使用 alter database 语句或 alter schema 语句修改数据库的相关参数。

语句格式如下：

```
alter <database|schema> <数据库名>
[default] character set[=]字符集
[default] collater[=]校对规则名称;
```

5.3.5 修改数据库

相关参数说明与创建数据库语句相同，见表 5-5。

注意：

① 使用修改数据库命令时，用户必须具有对数据库进行修改的权限。

② 在使用修改数据库命令时不能修改数据库名。

【**例 5-8**】 修改 db_test 数据库，设置字符默认字符集为 UTF-8。

SQL 语句如下：

```
alter database db_test
default character set=utf8;
```

5.3.6　删除数据库 DROP DATABASE

在 MySQL 中可以通过 drop database 语句或者 drop schema 语句删除已经存在的数据库。在使用该命令删除数据库的同时，该数据库中的表以及表中的数据也将会永久删除。

5.3.6 删除数据库

语句格式如下：

```
drop <database|schema> [if exists] <数据库名>;
```

参数说明 if exists：用于在删除数据库前判断该数据库是否已经存在，只有已经存在的数据库，才能执行删除操作。

注意：

① 在使用数据库删除命令时，用户必须具有对数据库进行删除的权限。

② 在删除数据库时，对于该数据库的用户权限是不会自动被删除的。

③ 一旦执行删除数据库操作，数据库的所有结构和数据都会被删除，没有恢复的可能，除非数据库有备份，数据库的删除操作命令应该谨慎使用。

④ 禁止删除系统数据库，否则 MySQL 将不能正常工作。

【**例 5-9**】 删除 db_test1 数据库。

SQL 语句如下：

```
drop database db_test1;
```

单元训练

一、填空题

1. 启动 MySQL 服务器的命令是_____。

2. 停止 MySQL 服务器的命令是_____。

3. 连接 MySQL 服务器的命令是_____。

4. 断开 MySQL 服务器的命令是_____。

5. SQL 分为_____、_____、_____ 和_____。

二、选择题

1. 查看 MySQL 服务器中的所有数据库,以下正确的 SQL 语句为(　　)。

　A. show database;　　　　　　　　B. show databases;

　C. show schemas　　　　　　　　　D. show database

2. 以下关于 MySQL 8.0 服务器自带的数据库说法错误的是(　　)。

　A. MySQL 自带了 4 个数据库

　B. information_schema 数据库保存了 MySQL 服务器所有数据库的信息

　C. mysql 数据库是 MySQL 服务器的核心数据库

　D. sys 数据库主要用于收集数据库服务器的性能参数

3. 查看 MySQL 服务器中数据库名第 2 个字符为 a 的数据库,正确的 SQL 语句为(　　)。

　A. show databases like '%a%';　　　　B. show database like '_a%';

　C. show databases like '_a%';　　　　D. show database like '_a';

4. 以下创建数据库 SQL 语句错误的是(　　)。

　A. create database library;　　　　　B. create schema library;

　C. create database if not exist library;　D. create schema if not exists library ;

5. 以下查看数据库定义的 SQL 语句正确的是(　　)。

　A. show create database library;　　　B. show database library;

　C. show library;　　　　　　　　　D. show databases;

6. 以下关于修改数据库的说法错误的是(　　)。

　A. 修改数据库可以使用 alter schema 语句

　B. 修改数据库只能使用 alter database 语句

　C. 可以修改数据库的默认字符集

　D. 可以修改数据库的校对规则

7. 以下删除数据库正确的 SQL 语句是(　　)。

　A. delete database library;　　　　　B. drop database library;

　C. delete schema library;　　　　　　D. drop schema library;

三、操作题

1. 创建数据库 db_admin,检查 db_admin 数据库是否存在,设置字符集为 GBK。查看 MySQL 服务器中所有以 db 开头的数据库,并查看 db_admin 数据库的数据库定义。

2. 修改 db_admin 数据库,修改字符集为 utf-8。

3. 删除 db_admin 数据库。

单元五自测题

揭开面纱看本质——MySQL 数据的存储与管理

导学

当今世界是一个互联网世界,其间充斥着大量的数据,数据的来源有很多,比如出行记录、消费记录、浏览的网页、发送的消息等。除了文本类型的数据,图像、音乐、声音等也都是数据。在数据库管理系统中,数据库用于存储数据和数据之间的联系,这些数据是如何存储的呢? 在关系数据库中存储数据以二维表为单位,一个数据库由多个相互关联的数据表组成,我们既要在表中添加数据,同时也需要对表进行维护和管理,因此,在本单元中将主要学习如何在 MySQL 数据库中操作表并进行表的管理操作。

预习本单元内容,思考以下问题。

(1) 什么是数据表? 数据表有哪些类型,各自有什么特点?

(2) MySQL 的数据类型有哪些,不同的数据列适合选择什么样的数据类型?

(3) 在 MySQL 中如何创建、修改、删除表?

本单元的学习任务

(1) 了解 MySQL 的存储引擎;

(2) 掌握 MySQL 的数据类型;

(3) 掌握 MySQL 创建、修改、删除数据表的方法。

6.1 MySQL 存储引擎

6.1.1 MySQL 存储引擎的概念

所谓存储引擎就是指如何存储数据,以及如何为存储的数据建立索引和如何更新、查询数据等技术的实现方法。在关系数据库中,数据是以二维表形式存储的,因此存储引擎也可以称为表类型,即存储和操作此表的类型。MySQL 数据库提供了多种存储引擎,用户可以根据不同的需求为数据表选择不同的存储引擎,也可以根据需要编写自己的存储引擎。

数据库存储引擎是数据库底层软件组件,数据库管理系统使用数据引擎进行创建、查询、更新和删除数据操作。不同的存储引擎提供不同的存储机制、索引技巧、锁定水平等功能,使用不同的存储引擎还可以获得特定的功能。MySQL 默认配置了许多不同的存储引擎,可以预先设置或者在 MySQL 服务器中启用。可以选择适用于服务器、数据库和表格的存储引擎,以便在选择如何存储信息、如何检索这些信息以及需要的数据结合什么性能和功能的时候为其提供最大的灵活性。

6.1.2　查询 MySQL 中支持的存储引擎

与其他数据库管理系统不同,MySQL 提供了插件式(pluggable)的存储引擎,存储引擎是基于表的。同一个数据库,不同的表存储引擎可以不同,甚至,同一个数据库表在不同的场合可以应用不同的存储引擎。

1. 查询 MySQL 支持的全部存储引擎

语句格式如下:

```
show engines;
```

执行结果如图 6-1 所示。

```
mysql> show engines;
+--------------------+---------+----------------------------------------------------------------+--------------+------+------------+
| Engine             | Support | Comment                                                        | Transactions | XA   | Savepoints |
+--------------------+---------+----------------------------------------------------------------+--------------+------+------------+
| MEMORY             | YES     | Hash based, stored in memory, useful for temporary tables      | NO           | NO   | NO         |
| MRG_MYISAM         | YES     | Collection of identical MyISAM tables                          | NO           | NO   | NO         |
| CSV                | YES     | CSV storage engine                                             | NO           | NO   | NO         |
| FEDERATED          | NO      | Federated MySQL storage engine                                 | NULL         | NULL | NULL       |
| PERFORMANCE_SCHEMA | YES     | Performance Schema                                             | NO           | NO   | NO         |
| MyISAM             | YES     | MyISAM storage engine                                          | NO           | NO   | NO         |
| InnoDB             | DEFAULT | Supports transactions, row-level locking, and foreign keys     | YES          | YES  | YES        |
| BLACKHOLE          | YES     | /dev/null storage engine (anything you write to it disappears) | NO           | NO   | NO         |
| ARCHIVE            | YES     | Archive storage engine                                         | NO           | NO   | NO         |
+--------------------+---------+----------------------------------------------------------------+--------------+------+------------+
9 rows in set (0.10 sec)
```

图 6-1　查看数据库支持的存储引擎

参数说明

- engine:指存储引擎的名称。
- support:指 MySQL 是否支持该类引擎,YES 表示支持,NO 表示不支持。

从查询结果中可以看出,MySQL 支持多个存储引擎,其中 InnoDB 为默认的存储引擎。这是由于在 MySQL 安装目录的 my.ini 配置文件中,参数 default-storage-engine 的值为 INNODB。

也可以使用以下语句,显示结果的格式更加美观。

```
show engines\G
```

2. 修改默认的存储引擎

语句格式如下:

```
set default_storage_engine=<存储引擎名>;
```

注意：修改默认的存储引擎后，当再次重启客户端时，默认存储引擎仍然是 InnoDB。要想彻底修改默认的存储引擎，需要修改 my.ini 配置文件中参数 default-storage-engine 的值。

6.1.3 MySQL 常用存储引擎介绍

在 MySQL 中的每一种存储引擎都有各自的特点，而对于不同业务类型的表，为了提升性能，数据库开发人员应该选用更合适的存储引擎。MySQL 常用的存储引擎有 InnoDB 存储引擎、MyISAM 存储引擎以及 MEMORY 存储引擎。

1. InnoDB 存储引擎

InnoDB 存储引擎为 MySQL 的表提供了事务处理、回滚、崩溃修复能力和多版本并发控制的事务安全。在 MySQL 中规定自增列必须为主键，InnoDB 存储引擎支持自增列（AUTO_INCREMENT），自动增长列的值不能为空，并且值必须唯一。InnoDB 支持外键（FOREIGN KEY），外键所在的表叫作子表，外键所依赖（REFERENCES）的表叫作父表，父表中被子表外键关联的字段必须为主键。当删除、更新父表中的某条信息时，子表也必须有相应的改变。

在 InnoDB 中，创建的表的表结构存储在.frm 文件中。数据和索引存储在 innodb_data_home_dir 和 innodb_data_file_path 定义的表空间中。

InnoDB 的优势在于提供了良好的事务处理、崩溃修复能力和并发控制。缺点是读写效率较差，占用的数据空间相对较大。

2. MyISAM 存储引擎

MyISAM 是 MySQL 中常见的存储引擎，曾经是 MySQL 的默认存储引擎。MyISAM 是基于 ISAM 引擎发展起来的，并增加了许多有用的扩展。

MyISAM 的表存储成 3 个文件。文件的名字与表名相同，扩展名为 frm、MYD、MYI，其中，frm 文件用于存储表的结构，MYD 文件用于存储数据，是 MYData 的缩写，而 MYI 文件则用于存储索引，是 MYIndex 的缩写。

基于 MyISAM 存储引擎的表支持 3 种不同的存储格式，包括静态型、动态型和压缩型，其中，静态型是 MyISAM 的默认存储格式，它的字段是固定长度的；动态型包含变长字段，记录的长度不是固定的；压缩型需要用到 myisampac 工具，占用的磁盘空间较小。

MyISAM 的优势在于占用空间小，处理速度快，而缺点是不支持事务的完整性和并发性。

3. MEMORY 存储引擎

MEMORY 存储引擎是 MySQL 中一类特殊的存储引擎，它使用存储在内存中的内容来创建表，而且数据全部放在内存中。每个基于 MEMORY 存储引擎的表实际对应一个磁盘文件，该文件的文件名与表名相同，类型为 frm 类型，该文件中只存储表的结构，而其数据文件，都是存储在内存中，这样有利于数据的快速处理，以提高整个表的工作效率。值得注意的是,服务器需要有足够的内存来维持 MEMORY 存储引擎的表的使用。如果不需要了,可以释放内存,甚至删除不需要的表。MEMORY 默认使用哈希索引,速度比使用 B 型树索引快,当然如果你想用 B 型树索引,可以在创建索引时进行指定。

由于 MEMORY 存储引擎把数据存到内存中,因此如果内存出现异常就会影响数据,而且如果重启或者关机,所有数据都会消失,因此,基于 MEMORY 的表的生命周期很短,一般是一次性的。

4. 如何选择存储引擎

不同的存储引擎都有各自的特点,以适应不同的需求,见表 6-1。为了做出选择,首先需要考虑每个存储引擎提供了哪些不同的功能。

表 6-1　存储引擎比较

特　性	InnoDB	MyISAM	MEMORY
事物安全	支持	不支持	不支持
存储限制	64TB	256TB	RAM
支持全文索引	不支持	支持	不支持
支持数据索引	支持	支持	支持
支持哈希索引	不支持	不支持	支持
支持数据缓存	支持	不支持	不适用
支持外键	支持	不支持	不支持

使用哪一种存储引擎要根据需要灵活选择,同一个数据库也可以使用多种存储引擎的表。因此,如果一个表要求比较高的事务处理,可以选择 InnoDB;而对查询要求比较高的表,可以选择 MyISAM 存储;如果该数据库需要一个用于查询的临时表,则可以选择 MEMORY 存储引擎。

6.2　MySQL 数据类型

MySQL 支持的数据类型主要包括 3 类,即数字类型、字符串(字符)类型、日期和时间类型。

6.2.1　数字类型

数字类型分为整数类型和小数类型,其中小数类型又包括浮点小数类型和定点小数类型。整数类型包括 tinyint(最小整数)、smallint(小型整数)、mediumint(中型整数)、int(标准整数)、bigint(大整数);浮点小数类型包括 float(单精度浮点数)和 double(双精度浮点数);定点小数类型包括 decimal(压缩的"严格"定点数)或 dec。

常用数字类型详见表 6-2 和表 6-3。

表 6-2　整型数据类型

数据类型	字节数	取值范围(有符号)	取值范围(无符号)
tinyint	1 字节	(−128,127)	(0,255)
smallint	2 字节	(−32768,32767)	(0,65535)
mediumint	3 字节	(−8388608,8388607)	(0,16777215)
int	4 字节	(−2147483648,2147483647)	(0,4294967295)
bigint	8 字节	(−9233372036854775808,−9233372036854775807)	(0,18446744073709551615)

表 6-3　MySQL 中的小数类型

数据类型	字节数	负数取值范围	非负数取值范围
float	4 字节	−3.402823466E+38～−1.175494351E−38	0 和−1.175494351E−38～−3.402823466E+38
double	8 字节	−1.7976931348623157E+308～−2.2250738585072014E−308	0 和−2.2250738585072014E−308～−1.7976931348623157E+308
decimal(m,d),dec	自定义长度	可变	可变

decimal 类型以字符串的形式存放,其最大取值范围与 double 一样,有效范围由 m 和 d 决定,m 称为精度,表示总共的位数,d 称为标度,表示小数的位数。

说明

- 在创建表时,采用最小性原则,即选择最小的可用类型。如果字段值永远不超过 127,tinyint 和 int 中最好选择 tinyint。
- float 和 double 在不指定精度时,默认会按照实际的精度(由计算机硬件和操作系统决定),decimal 如果不指定精度,默认为(10,0)。
- 无论定点类型还是浮点类型,如果用户指定的精度超出精度范围,就会作四舍五入进行处理。

6.2.2　字符串类型

MySQL 字符串类型的字段除了可以存储字符串数据外,还可以存储其他数据,比如图片和声音的二进制数据。对于字符串类型的数据一般使用单引号括起来。MySQL 常用的字符串类型包括 char、varchar、tinytext、text、mediumtext、longtext、enum 和 set 类型,表 6-4 列出了常用 MySQL 字符串数据类型。

表 6-4　字符串类型

数据类型	存储需求	说明
char(m)	m 字节,$1<=m<=255$	固定长度非二进制字符串
varchar(m)	$L+1$ 字节,$1<=m<=255$	变长非二进制字符串
binary(m)	m 个字节	固定长度二进制字符串
varbinary(m)	$m+1$ 字节	可变长度二进制字符串

续表

数 据 类 型	存 储 需 求	说　　明
blob(m)	L＋2 字节,L＜2^16	二进制字符串
text	L＋2 字节,L＜2^16	小的非二进制字符串
enum('值 1','值 2'…,'值 n')	1 或 2 个字节,取决于枚举值的数目(最大值为 65535)	枚举类型,该列只能容纳所列值之一或为 NULL
set('值 1','值 2'…,'值 n')	1、2、3、4 或 8 个字节,取决于集合成员的数量(最多 64 个成员)	一个设置,该列可以容纳一组值或为 NULL

注：m 和 L 为整数,m 表示可以为其指定长度,L 表示列值的实际长度。

说明

创建表时,使用字符串类型时应遵循以下原则:

- 从速度方面考虑,要选择固定的列,可以使用 char 类型;
- 要节省空间,使用动态的列,可以使用 varchar 类型;
- 要将列中的内容限制在一种选择,可以使用 enum 类型;
- 允许在一个列中有多于一个的条目,可以使用 set 类型;
- 如果要搜索的内容不区分大小写,可以使用 text 类型;
- 如果要搜索的内容区分大小写,可以使用 blob 类型。

6.2.3　日期和时间类型

MySQL 主要支持 5 种日期类型,包括 data、time、year、datetime 和 timestamp。表 6-5 列出了常用 MySQL 日期和时间数据类型。

表 6-5　日期和时间类型

数据类型	字节数	取 值 范 围	格　　式
date	3	1000-01-01～9999-12-3	YYYY-MM-DD
time	3	−838:59:59～838:59:59	HH:MM:SS
year	1	1901～2155	YYYY
datetime	8	1000-01-01 00:00:00～9999-12-31 23:59:59	YYYY-MM-DD HH:MM:SS
timestamp	4	1980-01-01 00:00:01 UTC～2040-01-19 03:14:07 UTC	YYYY-MM-DD HH:MM:SS

6.3　MySQL 数据表操作

在对 MySQL 数据表进行操作之前,必须首先使用 USE 语句选择相应数据库,才可以在指定的数据库中对数据表进行操作,数据表的操作包括创建数据表、查看数据表结构、修改数据表结构、重命名数据表、删除数据表等。

6.3.1　创建数据表 CREATE TABLE

1. 创建基本数据表语句

语句格式如下：

```
create table [if not exists] <数据表名>
(
    <字段名 1> <数据类型>,
    <字段名 2> <数据类型>,
    ...
    <字段名 n> <数据类型>
) [engine=table_type];
```

参数说明

- 数据表的名称不区分大小写，不能使用 SQL 语言中的关键字。
- 指定数据表中每个列（字段）的名称和数据类型，如果创建多个列，要用逗号隔开。
- if not exists：可选，检查正在创建的表是否已存在于数据库中。如果表已经存在，MySQL 将忽略整个语句，不会创建任何新的表。
- engine 子句：可选项，用于指定存储引擎。如省略则为 MySQL 默认的存储引擎。

【例 6-1】 在 db_test 数据库中创建 user 表（用户表），存储引擎为 MyISAM。表的结构见表 6-6。

表 6-6　user 表结构

字段名	数据类型	最大长度	说　明
id	int		用户编号
name	varchar	20	用户名
password	varchar	20	密码
email	varchar	20	电子邮箱

SQL 语句如下：

```
use db_test;
create table if not exists user
(
    id int,
    name varchar(20),
    password varchar(20),
    email varchar(30)
) engine=MyISAM;
```

2. 创建具有自增型字段的数据表

如果要求数据库表的某个字段值依次递增，且不重复，则可以将字段设置为自增型字段。一个表只能有一个字段为自增型字段,且该字段必须为主键的一部分。默认情况下MySQL 自增型字段的值从 1 开始递增,且步长为 1,设置自增型字段可以在创建表时进行说明。

语句格式如下:

```
<字段名> <数据类型> auto_increment,
```

【例 6-2】 在 db_test 数据库中创建 book(图书表),表的结构见表 6-7。

表 6-7　book 表结构

字段名	数据类型	最大长度	说　明
bookid	int		图书编号,自增字段,主键
bookname	varchar	100	图书名称
author	varchar	50	图书作者
date	datetime		出版日期

SQL 语句如下:

```
create table book
(
    bookid int auto_increment primary key,
    bookname varchar(100),
    author varchar(50),
    date datetime
);
```

6.3.2　查看数据表 SHOW TABLES

创建好数据表以后,可以使用 SHOW TABLES 语句查询指定数据库中的所有表。

语句格式如下:

```
show tables;
```

【例 6-3】 查询 db_test 数据库中已创建的所有数据表。执行结果如图 6-2 所示。
SQL 语句如下:

```
use db_test;
show tables;
```

图 6-2　查看数据库中的数据表

6.3.3　查看数据表结构 SHOW COLUMNS

使用 SQL 语句创建好数据表之后，可以查看结构的定义，以确认表的定义是否正确。MySQL 提供了以下几种方法查看数据表结构。

6.3.3 查看
数据表结构

1. 使用 SHOW COLUMNS 语句查看表结构

语句格式如下：

```
show [full] columns from <数据表名> [from 数据库名];
```

或

```
show [full] columns from <数据库名.数据表名>;
```

【例 6-4】　查看 db_test 数据库中 book 表的结构。

SQL 语句如下：

```
show full columns from db_test.book;
```

或

```
show full columns from book from db_test;
```

查看 book 数据表语句的执行结果如图 6-3 所示。上述部分字段的含义解释如下。

Null：表示该列是否可以存储 NULL 值。

Key：表示该列是否已编制索引。PRI 表示该列是表主键的一部分；UNI 表示该列是 UNIQUE 索引的一部分；MUL 表示在列中某个给定值允许出现多次。

Default：表示该列是否有默认值，如果有值是多少。

Extra：表示可以获取的与给定列有关的附加信息，例如 AUTO_INCREMENT 等。

```
mysql> show full columns from db_test.book;
+----------+--------------+-----------------+------+-----+---------+----------------+-----------------------------------+---------+
| Field    | Type         | Collation       | Null | Key | Default | Extra          | Privileges                        | Comment |
+----------+--------------+-----------------+------+-----+---------+----------------+-----------------------------------+---------+
| bookid   | int(11)      | NULL            | NO   | PRI | NULL    | auto_increment | select, insert, update, references |         |
| bookname | varchar(100) | utf8_general_ci | YES  |     | NULL    |                | select, insert, update, references |         |
| author   | varchar(50)  | utf8_general_ci | YES  |     | NULL    |                | select, insert, update, references |         |
| date     | datetime     | NULL            | YES  |     | NULL    |                | select, insert, update, references |         |
+----------+--------------+-----------------+------+-----+---------+----------------+-----------------------------------+---------+
4 rows in set (0.03 sec)
```

图 6-3　查看数据表结构

2. 使用 DESCRIBE 语句查看表结构

语句格式如下：

```
describe|desc <数据表名>;
```

在查看表结构时，也可以只列出某一列的信息。

语句格式如下：

```
describe|desc <数据表名> <列名>;
```

【例6-5】 查看 db_test 数据库 user 表的 id 字段结构,执行结果如图6-4所示。
SQL语句如下:

```
use db_test;
describe user id;
```

```
mysql> describe user id;
+-------+---------+------+-----+---------+-------+
| Field | Type    | Null | Key | Default | Extra |
+-------+---------+------+-----+---------+-------+
| id    | int(11) | YES  |     | NULL    |       |
+-------+---------+------+-----+---------+-------+
1 row in set (0.00 sec)
```

图6-4　查看数据表 id 字段结构

3. 查看表的详细结构语句 SHOW CREATE TABLE

语句格式如下:

```
show create table <表名[\G]>;
```

参数说明　使用参数\G可以使表结构的显示结果更加直观,易于查看。

【例6-6】 使用 SHOW CREATE TABLE 语句查看 user 表的详细信息,执行结果如图6-5所示。

```
mysql> show create table user\G;
*************************** 1. row ***************************
       Table: user
Create Table: CREATE TABLE `user` (
  `id` int(11) DEFAULT NULL,
  `name` varchar(20) DEFAULT NULL,
  `password` varchar(20) DEFAULT NULL,
  `email` varchar(30) DEFAULT NULL
) ENGINE=MyISAM DEFAULT CHARSET=utf8
1 row in set (0.01 sec)
```

图6-5　查看数据表的详细信息

SQL语句如下:

```
show create table user\G;
```

6.3.4　修改数据表 ALTER TABLE

修改数据库中已有数据表的结构使用 ALTER TABLE 语句。本节将介绍修改表的基本操作,包括修改表名、修改字段数据类型或字段名、增加或删除字段、修改字段的排列位置、更改表的存储引擎等。

6.3.4 修改
数据表

语句格式如下:

alter table <表名> [修改选项];

修改选项的语法格式如下：

[add <字段名> <数据类型>
| change <旧字段名> <新字段名> <新字段类型>
| alter <字段名> [set default <默认值> | drop default]
| modify <字段名> <数据类型>
| drop <字段名>
| rename to <新表名>]

1. 修改表名

语句格式如下：

alter table <旧表名> rename [to] <新表名>;

2. 修改字段的数据类型

语句格式如下：

alter table <表名> modify <字段名> <数据类型>;

3. 修改字段名

语句格式如下：

alter table <表名> change <旧字段名> <新字段名> <新字段类型>;

4. 添加字段

语句格式如下：

alter table <表名> add <新字段名> <数据类型>
[约束条件][first|after 旧字段名];

参数说明

- first：可选参数，作用是将新添加的字段设置为表的第一个字段。
- after：可选参数，作用是将新添加的字段添加到指定的"旧字段名"的后面。

5. 删除字段

语句格式如下：

alter table <表名> drop <字段名>;

6. 更改表的存储引擎

语句格式如下：

```
alter table <表名> engine= <更改后的存储引擎>;
```

【例 6-7】 对 db_test 数据库的 user 表进行修改，将 id 字段名修改为 number，数据类型修改为 char(6)，删除 email 字段，增加新字段 telephone，数据类型为 varchar(16)，修改 user 表名为 tb_user，并修改存储引擎为 InnoDB。

SQL 语句如下：

```
alter table user change id number char(6);
alter table user drop email;
alter table user add telephone varchar(16);
alter table user rename to tb_user;
alter table user engine=InnoDB;
```

执行以下语句进行验证，执行结果如图 6-6 所示，可以看出对表结构信息已经进行了修改。

```
show create table tb_user\G;
```

```
mysql> show create table tb_user\G;
*************************** 1. row ***************************
       Table: tb_user
Create Table: CREATE TABLE `tb_user` (
  `number` char(6) DEFAULT NULL,
  `name` varchar(20) DEFAULT NULL,
  `password` varchar(20) DEFAULT NULL,
  `telephone` varchar(16) DEFAULT NULL
) ENGINE=MyISAM DEFAULT CHARSET=utf8
1 row in set (0.00 sec)
```

图 6-6 修改数据表结果

6.3.5 重命名数据表 RENAME TABLE

6.3.5 重命名数据表

语句格式如下：

```
rename table <数据表名 1> to <数据表名 2>;
```

说明 可以同时对多个数据表进行重命名，多个表之间以逗号“,”分隔。

【例 6-8】 对数据表 tb_user 进行重命名，更名后的数据表名为 tb_admin。

SQL 语句如下：

```
rename table tb_user to tb_admin;
```

6.3.6 复制数据表 CREATE TABLE... AS/LIKE

6.3.6 复制数据表

除了创建数据表外，还可以快速复制一个和已创建的数据表结构相同的数据表。

语句格式如下：

```
create table [数据库名.]新表名 as select * from 原表名;
```

或者

```
create table [数据库名.]新表名 like 原表名;
```

参数说明

- select * from：表示从原表中查询数据。
- [数据库名.]：可以省略，如果省略表示在当前数据库中复制表结构。

注意：

① 使用 create table…as 命令复制数据表时，除了复制表结构外还会复制表中的数据，而当使用 create table…like 命令复制数据表时，只复制表结构。

② 使用 create table 语句快速复制表结构时，不会复制与表关联的其他数据库对象，如索引、主键约束、外键约束、触发器等。

【例 6-9】 在 db_test 数据库中创建 tb_admin1 数据表，结构与 tb_admin 数据表一致。

SQL 语句如下：

```
create table tb_admin1 as select * from tb_admin;
```

【例 6-10】 在 student 数据库中创建 tb_user 数据表，结构与 db_test 数据库中的 tb_admin 数据表一致。

SQL 语句如下：

```
create table student.tb_user like tb_admin;
```

6.3.7 删除数据表 DELETE TABLE

删除数据表就是指将数据库中已有的表从数据库中删除。注意，在删除数据表的同时，表的定义和表中所有的数据均会被删除。

语句格式如下：

6.3.7 删除
数据表

```
drop table [if exists] <数据表名> [,<数据表名 1>,<数据表名 2>...];
```

参数说明

- [if exists]：可选项，用于在删除表前判断是否存在要删除的表，只有表存在时，才执行删除操作，这样可以避免不存在要删除的表时出现错误信息。
- 数据表名：用于指定要删除的数据表名，可以同时删除多张数据表，多个数据表名之间用英文半角的逗号","分隔。

【例 6-11】 删除 student 数据库中的 tb_user 数据表。

SQL 语句如下：

```
drop table if exists tb_user;
```

单元训练

一、选择题

1. 以下关于存储引擎描述错误的是（　　）。

   A. 数据库管理系统使用数据引擎进行创建、查询、更新和删除数据操作

   B. 存储引擎也称作表类型

   C. 可以使用命令"show engines;"查看 MySQL 支持的全部存储引擎

   D. 不可以修改系统默认的存储引擎

2. 如果一个表需要较高的事务处理能力，选用以下哪种存储引擎（　　）。

   A. InnoDB 存储引擎　　　　　　　　　B. MyISAM 存储引擎

   C. MEMORY 存储引擎　　　　　　　　D. ARCHIVE 存储引擎

3. MySQL 常用的数据类型包括（　　）。

   A. 数字类型　　　　　　　　　　　　B. 字符串类型

   C. 日期和时间类型　　　　　　　　　D. 以上都包括

4. 以下关于创建数据表的说法错误的是（　　）。

   A. 创建数据表使用 create table 命令

   B. 可以使用关键字 auto_increment 创建带有自增型字段的数据表

   C. 自增型字段可以是任意字段

   D. 创建数据表需要指定所在的数据库

5. 查看数据库中的所有表 SQL 语句正确的是（　　）。

   A. show databases;　　　　　　　　　B. show tables;

   C. show table;　　　　　　　　　　　D. show create table;

6. 以下可以查看数据表结构的 SQL 语句为（　　）。

   A. show columns 语句　　　　　　　　B. discribe 语句

   C. show create table 语句　　　　　　D. 以上都正确

7. 以下删除数据表 stu 中 sex 字段正确的 SQL 语句为（　　）。

   A. drop sex from stu;　　　　　　　　B. delete sex from stu;

   C. alter table stu drop sex;　　　　　　D. alter table stu delete sex;

二、操作题

1. 创建员工表 employee，表信息见表 6-8。

表 6-8　employee 表结构

字段名	数据类型	最大长度	说　明
id	int		员工编号，自增字段
name	varchar	8	员工姓名
deptid	int		部门编号
sex	char	2	性别

2. 修改员工表的结构。

（1）追加 salary（工资）列，数据类型为 float 类型。

（2）修改 deptid（部门编号）字段为 char 类型，10 个字节。

（3）删除 sex（性别）字段。

3. 删除数据表 employee。

单元六自测题

单元七

不以规矩，不能成方圆——创建完整性约束

导学

新冠肺炎疫情爆发以来，在全国人民和政府共同努力下，取得了积极的成效。为了方便出行和防疫，国家政务服务平台正式推出"防疫健康信息码"，标识每个人的风险系数，可凭码出入社区、办公楼等地方。实践证明，科技手段是打赢疫情防控阻击战不可或缺的坚实力量，必须切实发挥科技力量的支撑作用，用强大的科学武器保护人们健康安全。一个信息量巨大的数据采集平台要求保证数据的正确性、有效性和一致性，MySQL 数据库通过完整性约束来实现对数据进行监测，使不符合规范的数据不能进入数据库。本单元我们学习如何对数据表施加完整性约束。

预习本单元内容，思考以下问题。

（1）约束的作用是什么？约束可以分为几类？

（2）对主键约束、非空约束、唯一性约束、默认值约束、检查约束和外键约束是怎样进行创建、修改和删除操作的？

本单元的学习任务

在理解数据完整性的概念和分类基础上，掌握各种约束的操作。

（1）理解数据完整性概念和分类；

（2）掌握主键约束、非空约束、唯一性约束、默认值约束、检查约束和外键约束的创建、修改、删除和查看操作。

7.1 约束概述

7.1.1 约束分类

利用约束可以保证数据的正确性、有效性和相容性，约束一般分为主键约束、非空约束、唯一性约束、默认值约束、外键约束和检查约束六类。

1. 主键约束（PRIMARY KEY）

主键约束要求主键字段唯一且不能为空，其值能唯一地标识表中的每一行。通过实施主键约束可以强制表的实体完整性。主键字段既可以为一列也可以为多列。

2. 非空约束（NOT NULL）

所谓非空约束是指字段的值不能为空。对于使用了非空约束的字段，如果用户在添加数据时没有指定值，数据库系统就会报错。

3. 唯一性约束（UNIQUE）

唯一性约束要求非主键的一列或多列上数据是唯一的，允许为空，但只能出现一个空值。唯一性约束可以确保一列或者多列不出现重复值。

4. 默认值约束（DEFAULT）

MySQL 默认值约束用来指定某列的默认值。

5. 外键约束（FOREIGN KEY）

外键约束用来在两个表的数据之间建立连接，它可以是一列或者多列。一个表可以有一个或多个外键。外键对应的是参照完整性，一个表的外键可以为空值，若不为空值，则每一个外键的值必须等于另一个表中主键的某个值。外键的主要作用是保持数据的一致性、完整性。

6. 检查约束（CHECK）

检查约束用于限制列上的值的取值范围，根据用户实际的完整性要求来定义。

7.1.2　约束的操作

1. 建立表时定义约束

语句格式如下：

```
create table <数据表名>
(
    <字段名 1> <数据类型> [列级别约束条件] [默认值],
    <字段名 2> <数据类型> [列级别约束条件] [默认值],
    ...
    [表级别约束条件]
);
```

2. 修改表时添加和删除约束

在修改表时添加约束和删除约束均使用 alter table 命令，不同的约束类型使用方法不尽相同。

下面我们以具体数据库系统应用为例,介绍各种类型约束的操作方法。

学生选课管理系统数据库 student 中有 3 张表包括 student(学生表)、course(课程表)和 score(成绩表),其中 student 数据表用于存储学生信息,course 数据表用于存储课程信息,score 数据表用于存储选课成绩信息,3 个表的结构如表 7-1~7-3 所示。

表 7-1　student 表结构

字段名	数据类型	最大长度	说　明	完整性约束
sno	char	10	学号	主键,score 表的外键
class	char	20	班级	
sname	char	10	姓名	
sex	char	2	性别	
birthday	date		出生日期	
address	varchar	50	家庭住址	默认为"河北省"
telephone	char	20	联系电话	唯一
email	char	40	电子邮箱	

表 7-2　course 表结构

字段名	数据类型	最大长度	说　明	完整性约束
cno	char	4	课程号	主键,score 表的外键
cname	char	20	课程名	NOT NULL
tname	char	4	任课教师	

表 7-3　score 表结构

字段名	数据类型	最大长度	说　明	完整性约束
sno	char	10	学号	主键为(学号+课程号) student 表的外键
cno	char	4	课程号	course 表的外键
score	smallint		成绩	0~100 范围

图书馆管理系统数据库 library 中有 4 张表包括 reader(读者表)、book(图书表)、department(系部表)和 borrow(借阅表),4 个表的结构如表 7-4~7-7 所示。

表 7-4　reader 表结构

字段名	数据类型	最大长度	说　明	完整性约束
readid	char	10	读者编号	主键
deptid	char	4	系部编号	
name	char	10	读者姓名	
sex	char	2	读者性别	
email	char	40	电子邮箱	

表 7-5 book 表结构

字段名	数据类型	最大长度	说 明	完整性约束
bookid	char	10	图书编号	主键
bookname	varchar	50	图书名	
author	char	10	作者姓名	
pubtime	datetime		出版时间	1990-01-01 至 2050-01-01
price	decimal	6	价格	
publish	varchar	20	出版社	

表 7-6 department 表结构

字段名	数据类型	最大长度	说 明	完整性约束
deptid	char	4	系部编号	主键
dept	varchar	20	系部名称	

表 7-7 borrow 表结构

字段名	数据类型	最大长度	说 明	完整性约束
bookid	char	10	图书编号	主键为(图书编号＋读者编号) book 表的外键
readid	varchar	20	读者编号	reader 表外键
borrowdate	datetime		借书日期	
returndate	datetime		还书日期	

7.2 主键约束 PRIMARY KEY

所谓主键约束(Primary Key)即在表中定义一个主键来唯一确定表中每一行数据的标识符。通过主键约束可以实现实体完整性约束,主键可以是表中的某一列或者多列的组合,其中由多列组合的主键称为复合主键。主键可分为两种类型,即单字段主键和多字段主键。主键应该遵守下面的规则。

7.2 MySQL 创建与管理主键约束

- 每个表只能定义一个主键。
- 主键值必须唯一标识表中的每一行,且不能为 NULL 值,即表中不可能存在两行数据有相同的主键值,这是唯一性原则。
- 一个列名只能在复合主键列表中出现一次。
- 复合主键不能包含不必要的多余列。当把复合主键的某一列删除后,如果剩下的列构成的主键仍然满足唯一性原则,那么这个复合主键是不正确的,这是最小化原则。

7.2.1 创建表时创建主键约束

在创建表时,在定义各字段属性时设置的约束称为"列级别"约束。设置"列级别"主键约束的语句格式如下：

```
<字段名> <数据类型> primary key
```

在创建表时,定义了所有字段属性后设置的约束称为"表级别"约束。设置"表级别"主键约束,语句格式如下：

```
primary key(字段1[,字段2,...])
```

1. 单字段主键

当主键由一个字段组成时,即可以使用"列级别"约束条件设置主键约束,也可以使用"表级别"约束条件设置主键约束。

【例7-1】 使用"列级别"约束定义主键,创建学生选课管理系统数据库student,创建course(课程表)。假设主键为cname(课程名)。

SQL语句如下：

```
create database student;
use student;
create table course
(
    cno char(4),
    cname char(20) primary key,
    tname char(4)
);
```

执行语句后,可以通过describe或desc命令查询表的结构,如图7-1所示,可以看到cname字段已设置为主键。

```
mysql> desc course;
+-------+----------+------+-----+---------+-------+
| Field | Type     | Null | Key | Default | Extra |
+-------+----------+------+-----+---------+-------+
| cno   | char(4)  | NO   |     | NULL    |       |
| cname | char(20) | NO   | PRI | NULL    |       |
| tname | char(4)  | YES  |     | NULL    |       |
+-------+----------+------+-----+---------+-------+
3 rows in set (0.00 sec)
```

图7-1　数据表course结构

单字段主键也可以使用"表级别"约束定义主键,对于例7-1也可以使用如下SQL语句创建course表。

```
create table course
(
    cno char(4),
    cname char(20),
    tname char(4),
```

```
    primary key(cname)
);
```

2. 多字段主键

当主键为多个字段组成时，只能使用"表级别"约束条件设置主键。

【例 7-2】 定义多字段主键，创建 score（选课表），主键为 sno（学号）和 cno（课程号）的组合。

SQL 语句如下：

```
create table score
(
    sno char(10),
    cno char(4),
    score smallint,
    primary key(sno,cno)
);
```

执行语句后，通过 describe 或 desc 命令查询表的结构，选课表 score 的结构如图 7-2 所示。

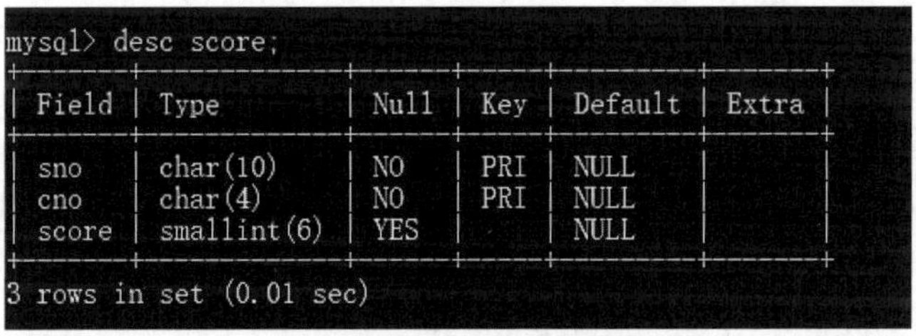

```
mysql> desc score;
+-------+-------------+------+-----+---------+-------+
| Field | Type        | Null | Key | Default | Extra |
+-------+-------------+------+-----+---------+-------+
| sno   | char(10)    | NO   | PRI | NULL    |       |
| cno   | char(4)     | NO   | PRI | NULL    |       |
| score | smallint(6) | YES  |     | NULL    |       |
+-------+-------------+------+-----+---------+-------+
3 rows in set (0.01 sec)
```

图 7-2　数据表 score 结构

7.2.2　删除主键约束

语句格式如下：

```
alter table <数据表名> drop primary key;
```

在课程表中，由于课程名有可能重复，而课程号是唯一的，故作为主键更合适，因此需要删除现有主键，设置新的主键。

【例 7-3】 删除 course 课程表的主键。
SQL 语句如下：

```
alter table course drop primary key;
```

7.2.3　修改表时添加主键约束

语句格式如下：

```
alter table <数据表名> add primary key(<列名>);
```

【**例 7-4**】 为 course 课程表添加主键 cno 课程号。

SQL 语句如下：

```
alter table course add primary key(cno);
```

修改后,课程表 course 的结构如图 7-3 所示。

```
mysql> desc course;
+-------+----------+------+-----+---------+-------+
| Field | Type     | Null | Key | Default | Extra |
+-------+----------+------+-----+---------+-------+
| cno   | char(4)  | NO   | PRI | NULL    |       |
| cname | char(20) | NO   |     | NULL    |       |
| tname | char(4)  | YES  |     | NULL    |       |
+-------+----------+------+-----+---------+-------+
3 rows in set (0.00 sec)
```

图 7-3 修改后的数据表 course 结构

7.3 唯一性约束 UNIQUE

唯一性约束(Unique Constraint)要求该列唯一,允许为空,但只能出现一个空值。唯一性约束可以确保一列或几列不出现重复值。

注意：唯一性约束与主键约束的区别在于：

① 一个表中可以有多个字段声明为唯一的,但只能有一个主键声明;

② 声明为主键的字段不允许有空值,声明为唯一性的字段允许有一个空值。

7.3MySQL 创建与管理唯一性约束

7.3.1 创建表时创建唯一性约束

创建唯一性约束可以使用"列级别"约束条件设置,也可以使用"表级别"约束条件设置。

1. "列级别"约束形式定义唯一性约束

语句格式如下：

```
字段名 数据类型 unique
```

【**例 7-5**】 创建学生表 student,设置学号 sno 为主键,约束电话号码 telephone 为唯一的。

SQL 语句如下：

```
create table student
(
    sno char(10) primary key,              /* 设置主键为学号 */
    class char(20),
    sname char(10),
    sex char(2),
```

```
birthday date,
address varchar(50),
telephone char(20) unique,                    /*设置唯一性约束*/
email char(40)
);
```

执行语句后,学生表 student 的结构如图 7-4 所示。

```
mysql> desc student;
+-----------+-------------+------+-----+---------+-------+
| Field     | Type        | Null | Key | Default | Extra |
+-----------+-------------+------+-----+---------+-------+
| sno       | char(10)    | NO   | PRI | NULL    |       |
| class     | char(20)    | YES  |     | NULL    |       |
| sname     | char(10)    | YES  |     | NULL    |       |
| sex       | char(2)     | YES  |     | NULL    |       |
| birthday  | date        | YES  |     | NULL    |       |
| address   | varchar(50) | YES  |     | NULL    |       |
| telephone | char(20)    | YES  | UNI | NULL    |       |
| email     | char(40)    | YES  |     | NULL    |       |
+-----------+-------------+------+-----+---------+-------+
8 rows in set (0.00 sec)
```

图 7-4　数据表 student 的结构

2. "表级别"约束形式定义唯一性约束

语句格式如下:

[constraint <约束名>] unique(<字段名>)

对于例 7-5 也可以使用如下语句定义唯一性约束。

```
create table student
(
    sno char(10) primary key,                    /*设置主键为学号*/
    class char(20),
    sname char(10),
    sex char(2),
    birthday date,
    address varchar(50),
    telephone char(20),
    email char(40),
    constraint u_t unique(telephone)             /*设置唯一性约束*/
);
```

7.3.2　修改表时添加唯一性约束

语句格式如下:

alter table <数据表名> add constraint <唯一约束名> unique(<列名>);

【例 7-6】　修改表 student，设置电子邮箱 email 字段为唯一的。
SQL 语句如下：

```
alter table student add constraint u_e unique(email);
```

7.3.3　删除唯一性约束

语句格式如下：

```
alter table <数据表名> drop index <唯一约束名>;
```

说明　唯一性约束名可以通过 show create table 语句来查看。
【例 7-7】　删除表 student 中电子邮箱 email 字段的唯一性约束。
SQL 语句如下：

```
alter table student drop index u_e;
```

7.4　默认值约束 DEFAULT

默认值约束（Default Constraint）可以指定某个字段的默认值。

7.4MySQL 创
建与管理默认
值约束

7.4.1　创建表时创建默认值约束

创建默认值约束使用"列级别"约束条件设置。
语句格式如下：

```
<字段名> <数据类型> default <默认值>
```

【例 7-8】　创建 library 数据库，在 library 数据库中，创建读者表 reader，设置读者编号 readid 为主键，读者性别 sex 的默认值为"男"。
SQL 语句如下：

```
create database library;
use library;
create table reader
(
    readid char(10) primary key,
    deptid char(4),
    name char(10),
    sex char(2) default '男',                    /*设置性别默认为"男"*/
    email char(40)
);
```

数据表创建成功之后，在表 reader 中，字段 sex 拥有了一个默认值"男"，新插入的记录如果没有指定性别，则默认都为"男"。

7.4.2 修改表时添加默认值约束

语句格式如下：

```
alter table <数据表名>
change column <字段名>
<字段名> <数据类型> default <默认值>;
```

【例 7-9】 修改 student 数据库中的学生表 student，设置家庭住址 address 的默认值为"河北省"。

SQL 语句如下：

```
use student;
alter table student
change column address
address varchar(50) default '河北省';
```

执行语句，修改后的学生表 student 结构如图 7-5 所示。

```
mysql> desc student;
+-----------+-------------+------+-----+---------+-------+
| Field     | Type        | Null | Key | Default | Extra |
+-----------+-------------+------+-----+---------+-------+
| sno       | char(10)    | NO   | PRI | NULL    |       |
| class     | char(20)    | YES  |     | NULL    |       |
| sname     | char(10)    | YES  |     | NULL    |       |
| sex       | char(2)     | YES  |     | 男      |       |
| birthday  | date        | YES  |     | NULL    |       |
| address   | varchar(50) | YES  |     | 河北省  |       |
| telephone | char(20)    | YES  | UNI | NULL    |       |
| email     | char(40)    | YES  |     | NULL    |       |
+-----------+-------------+------+-----+---------+-------+
8 rows in set (0.00 sec)
```

图 7-5 数据表 student 的结构

7.4.3 删除默认值约束

语句格式如下：

```
alter table <数据表名>
change column <字段名>
<字段名> <数据类型> default null;
```

【例 7-10】 删除 library 数据库中读者表 reader 的 sex 字段的默认值约束。

SQL 语句如下：

```
use library;
alter table reader
change column sex
sex char(2) default null;
```

7.5 非空约束 NOT NULL

7.5MySQL 创建与管理非空约束

如果未设置非空约束,默认状态下,数据表中的字段默认值都是可以为 NULL 的。非空约束(Not Null Constraint)是指字段的值不能为空,对于设置了非空约束的字段,如果用户在添加数据时没有指定值,数据库系统就会报错。

7.5.1 创建表时创建非空约束

创建非空约束使用"列级别"约束条件设置。
语句格式如下:

<字段名> <数据类型> NOT NULL

【例 7-11】 在 library 数据库中创建系部表 department,包括系部编号 deptid,系部名称 dept。系部编号 deptid 为主键,设置系部名称 dept 字段非空约束。

```
use library;
create table department
(
    deptid char(4) primary key,
    dept varchar(20) not null                    /* 设置系部名称非空 */
);
```

执行上述语句后,查看系部表 department 的结构,系部表结构如图 7-6 所示。系部名称 dept 字段非空属性设置成功。数据表创建成功之后,在系部表 department 中输入数据时,对于字段 dept 必须输入确切的值,否则系统报错。

```
mysql> desc department;
+--------+-------------+------+-----+---------+-------+
| Field  | Type        | Null | Key | Default | Extra |
+--------+-------------+------+-----+---------+-------+
| deptid | char(4)     | NO   | PRI | NULL    |       |
| dept   | varchar(20) | NO   |     | NULL    |       |
+--------+-------------+------+-----+---------+-------+
2 rows in set (0.00 sec)
```

图 7-6 数据表 department 的结构

7.5.2 修改表时添加非空约束

语句格式如下:

```
alter table <数据表名>
change column <字段名>
<字段名> <数据类型> not null;
```

【例 7-12】 修改 student 数据库中的课程表 course,设置课程名称 cname 字段为非空。

　　SQL 语句如下：

```
use student;
alter table course
change column cname
cname char(20) not null;
```

7.5.3　删除非空约束

　　语句格式如下：

```
alter table <数据表名>
change column <字段名>
<字段名> <数据类型> null;
```

　　【例 7-13】　修改 library 数据库中的系部表 department，取消系部名称 dept 字段的非空约束。

　　SQL 语句如下：

```
use library;
alter table department
change column dept
dept varchar(20) null;
```

　　使用 desc 命令查看 department 数据表的结构，执行结果如图 7-7 所示。

```
mysql> desc department;
+--------+-------------+------+-----+---------+-------+
| Field  | Type        | Null | Key | Default | Extra |
+--------+-------------+------+-----+---------+-------+
| deptid | char(4)     | NO   | PRI | NULL    |       |
| dept   | varchar(20) | YES  |     | NULL    |       |
+--------+-------------+------+-----+---------+-------+
2 rows in set (0.00 sec)
```

图 7-7　修改后数据表 department 的结构

7.6　检查约束 CHECK

　　检查约束用于检查用户提交的数据是否符合用户定义完整性约束的要求。在 MySQL 中，提供了 CHECK 检查约束用来指定某列的可取值的范围，它通过限制输入到列中的值来强制实现域的完整性。

7.6.1　创建表时设置检查约束

　　检查约束可以使用"列级别"约束条件进行设置，也可以使用"表级别"

7.6MySQL 创建与管理检查约束

约束条件进行设置。

语句格式如下：

```
check(<检查约束>)
```

【**例 7-14**】 在 library 数据库中创建图书表 book，设置图书表 book 中的图书编号 bookid 为主键，出版时间 pubtime 字段取值范围介于 1900-01-01 至 2050-01-01 之间。

SQL 语句如下：

```
create table book
(
    bookid char(10) primary key,
    bookname varchar(50),
    author char(10),
    pubtime datetime check(pubtime>='1990-01-01' and pubtime<='2050-01-01'),
                                                  /*设置检查约束*/
    price decimal(6,2),
    publish varchar(20)
);
```

通过使用"show create table book\G;"命令查看 book 数据表的详细结构，可以看到 pubtime 字段的检查约束设置情况，如图 7-8 所示。

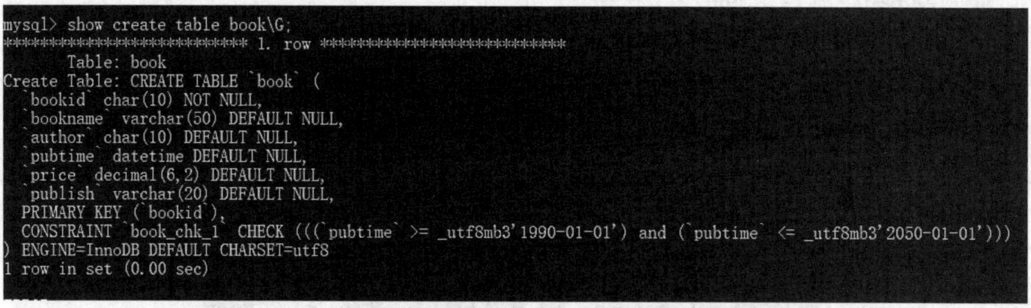

```
mysql> show create table book\G;
*************************** 1. row ***************************
       Table: book
Create Table: CREATE TABLE `book` (
  `bookid` char(10) NOT NULL,
  `bookname` varchar(50) DEFAULT NULL,
  `author` char(10) DEFAULT NULL,
  `pubtime` datetime DEFAULT NULL,
  `price` decimal(6,2) DEFAULT NULL,
  `publish` varchar(20) DEFAULT NULL,
  PRIMARY KEY (`bookid`),
  CONSTRAINT `book_chk_1` CHECK (((`pubtime` >= _utf8mb3'1990-01-01') and (`pubtime` <= _utf8mb3'2050-01-01')))
) ENGINE=InnoDB DEFAULT CHARSET=utf8
1 row in set (0.00 sec)
```

图 7-8　数据表 book 的详细结构

【**例 7-15**】 也可以使用"表级别"约束条件定义检查约束。

SQL 语句如下：

```
create table book
(
    bookid char(10) primary key,
    bookname varchar(50),
    author char(10),
    pubtime datetime,
    price decimal(6,2),
    publish varchar(20),
    check(pubtime>='1990-01-01' and pubtime<='2050-01-01')   /*设置检查约束*/
);
```

当设置了检查约束后，插入数据时要符合检查约束条件，否则会导致数据插入操作失败。

7.6.2　修改表时添加检查约束

语句格式如下：

```
alter table <数据表名>
add constraint <检查约束名>
check(<检查约束>);
```

【例 7-16】　修改 student 数据库中成绩表 score 中的成绩字段 score，设置字段的取值介于 0 至 100 范围内。

SQL 语句如下：

```
use student;
alter table score
add constraint c_s
check(score>=0 and score<=100);
```

【例 7-17】　修改 student 数据库中学生表 student 中的电子邮箱 email 字段，设置该字段为合法的 email 地址。

SQL 语句如下：

```
alter table reader
add constraint c_email
check(email like '%@%');
```

7.6.3　删除检查约束

语句格式如下：

```
alter table <数据表名> drop check <检查约束名>;
```

说明　对于检查约束名可以通过 show create table 语句查看。

【例 7-18】　修改 student 数据库中学生表 student，删除字段 email 的检查约束。

SQL 语句如下：

```
alter table student drop check c_email;
```

7.7　外键约束 FOREIGN KEY

7.7MySQL 创建与管理外键约束

外键由表的一个列或多个列组成，用来维护两个表之间数据的一致性。外键约束用来建立和强调两个表之间的关系，一个表的主键属性在另一个表中出现，此时该主键就是另一个表的外键。外键约束用来实现参照完整性约束。

7.7.1　创建表时设置外键约束

外键约束使用"表级别"约束条件设置。

语句格式如下：

```
[constraint <外键名>] foreign key 字段名 [,字段名 2,...]
references <主表名> 主键列 1 [,主键列 2,...]
```

参数说明

- 外键名为定义的外键约束的名称，一个表中不能有相同名称的外键。
- 字段名表示子表需要添加外健约束的字段列。
- 主表名即被子表外键所依赖的表的名称。
- 主键列表示主表中定义的主键列或者列组合。

【例 7-19】　在 library 数据库中创建借阅表 borrow，设置图书编号 bookid 和读者编号 readid 为主键。设置借书日期为当前系统时间，设置图书编号 bookid 为外键，与图书表 book 的主键 bookid 关联，设置读者编号 readid 为外键，与读者表 reader 的主键 readid 关联。

SQL 语句如下：

```
use library;
create table borrow
(
    bookid char(10),
    readid char(10),
    borrowdate datetime default now(),
    returndate datetime,
    primary key(bookid,readid),
    constraint fk_b_b foreign key(bookid) references book(bookid),
                                              /* 设置外键约束 */
    constraint fk_b_r foreign key(readid) references reader(readid)
                                              /* 设置外键约束 */
);
```

数据表 borrow 创建成功后，使用 show create table 命令查看借阅表 borrow 的详细信息，如图 7-9 所示。外键设置成功后，向借阅表 borrow 中插入记录时，图书编号 bookid 字段的数据必须是图书表 book 中 bookid 字段已有的数据；同样，读者编号 readid 字段的数据也必须是读者表 reader 中 readid 字段已有的数据。

7.7.2　修改表时添加外键约束

语句格式如下：

```
alter table <数据表名> add constraint <外键约束名>
foreign key(<列名>) references <主表名> (<列名>);
```

图 7-9 数据表 borrow 的详细信息

【例 7-20】 修改 library 数据库中读者表 reader，添加外键 deptid 字段，与系别表 department 的 deptid 字段进行关联。

SQL 语句如下：

```
alter table reader add constraint fk_r_d
foreign key(deptid) references department(deptid);
```

【例 7-21】 修改 student 数据库中的成绩表 score，添加外键学号 sno 字段，与学生表 student 的主键 sno 进行关联；添加外键 cno 字段，与课程表 course 的主键 cno 进行关联。

SQL 语句如下：

```
use student;
alter table score add constraint fk_s_s
foreign key(sno) references student(sno);
alter table score add constraint fk_s_c
foreign key(cno) references course(cno);
```

7.7.3 删除外键约束

语句格式如下：

```
alter table <数据表名> drop foreign key <外键约束名>;
```

说明 外键约束名可以通过 show create table 语句查看。

【例 7-22】 修改 library 数据库中的读者表 reader，删除外键关联。

SQL 语句如下：

```
alter table reader drop foreign key fk_r_d;
```

单元训练

一、填空题

1. 约束分为_____、_____、_____、_____和_____。

2. MySQL 数据表通过_____约束实现实体完整性约束。

3. MySQL 数据表通过_____约束实现参照完整性约束。

4. MySQL 数据表通过_____约束实现用户定义完整性约束。

二、选择题

1. 以下关于主键约束说法错误的是(　　)。

　　A. 一个表只能有一个主键

　　B. 主键不可以为空

　　C. 主键可以重复

　　D. 一个字段可以设置主键，多个字段也可以设置为主键

2. 删除 book 表的主键，正确的 SQL 语句为(　　)。

　　A. delete primary key from book;

　　B. drop primary key from book;

　　C. alter table book drop primary;

　　D. show database like '_a';

3. 以下关于唯一性约束，说法不正确的是(　　)。

　　A. 设置唯一性约束的字段值不能重复

　　B. 设置唯一性约束的字段值不能为空值

　　C. 可以为一个表多个字段设置唯一性约束

　　D. 可以在定义数据表时设置唯一性约束，也可以在修改数据表时设置唯一性约束

4. 关于 NULL 值以下叙述正确的是(　　)。

　　A. NULL 表示空格　　　　　　　　　　B. NULL 表示 0

　　C. NULL 表示空格或 0　　　　　　　　D. NULL 表示"没有值"或"值不确定"

5. 关于外键约束，说法错误的是(　　)。

　　A. 外键可以由表的一列或多个列组成

　　B. 表的任意字段都可以设置为外键

　　C. 外键用来约束表与表之间的数据一致性

　　D. 设置外键的关键字为 foreign key

三、操作题

1. 创建数据库 market，在 market 数据库中创建客户表 customers，customers 表的结构见表 7-8。

表 7-8　customers 表结构

字段名	数据类型	最大长度	说　明	完整性约束
c_id	int	11	客户编号	主键
c_name	varchar	50	客户姓名	
c_contact	varchar	50	联系方式	
c_city	varchar	50	地址	默认为"北京市"
c_birth	datetime		出生日期	非空

2. 在 market 数据库中创建订单表 orders，orders 表的结构见表 7-9。

表 7-9　orders 表结构

字段名	数据类型	最大长度	说　明	完整性约束
o_num	int	11	订单编号	主键，自增型字段
o_date	date		订单日期	
c_id	varchar	50	客户编号	外键

3. 修改 customers 数据表，设置客户姓名 c_name 字段为非空，设置联系方式 c_contact 字段为唯一的。

单元七自测题

千里之行，始于足下——MySQL 编程基础

导学

几乎所有的数据库管理系统都提供了"程序设计结构"，这些"程序设计结构"是在 SQL 标准的基础上进行了扩展，例如，Oracle 定义了 PL/SQL 程序设计结构，SQL Server 定义了 T-SQL 程序设计结构，PostgreSQL 定义了 PL/pgSQL 程序设计结构，MySQL 也不例外，MySQL 程序设计结构是在 SQL 标准的基础上增加了一些程序设计语言的元素。一名优秀的数据库系统开发人员需要具备良好的编程习惯，良好的编程习惯可以让代码看起来更简洁，大幅提升代码的可维护性。本单元将学习 MySQL 程序设计语言的元素，为我们后续的数据操作打下基础。

预习本单元内容，思考以下问题。

(1) 常量有哪几种类型，如何表示？

(2) MySQL 的用户自定义变量有哪几种？

本单元的学习任务

(1) 掌握常量的表示方法；

(2) 了解用户自定义变量；

(3) 了解常用的系统函数。

8.1　MySQL 编程基础知识

8.1.1　常量

按照 MySQL 的数据类型进行划分，可以将常量划分为字符串常量、数值常量、十六进制常量、二进制常量、日期时间常量和 NULL。常量的表示方法见表 8-1。

表 8-1 MySQL 常量的表示

常量类型	表 示 方 法	示　　　例
字符串常量	单引号或双引号括起来的字符序列,推荐使用单引号	'数据库技术'、"hello"
数值常量	整型或实型数值	123、5.23、62.33E5、0
十六进制常量	方法 1：前缀(字母 X 或小写 x)＋十六进制字符串。方法 2：前缀(0x)＋十六进制数	X'41'表示大写字母 A,也可以表示为 x'41'或 0x41
二进制常量	前缀(b)＋二进制字符串	b'1'对应"笑脸",b'11'对应"心"
日期时间常量	符合日期、时间标准的字符串	'2020-04-05'、"12：30：23"、'2020/04/05 12：30：23'
NULL	NULL/null	适用于各种字段类型,表示"值不确定""没有值"等含义

8.1.2　MySQL 的变量

在 MySQL 中,变量分为系统变量(以@@开头)和用户定义变量。

1. 系统变量

系统变量由系统定义,属于服务器层面,系统变量分为全局变量和会话变量,全局变量影响服务器整体操作,而会话变量影响具体客户端连接的操作。

1) 全局变量

当服务启动时,所有全局变量会被初始化为默认值,其作用域为 server 的整个生命周期。

显示方法如下：

```
show global variables;
```

查看形式如下：

```
格式 1：show variables like '%sql_warnings%';
格式 2：select @@global.sql_warnings;
```

赋值形式如下：

```
格式 1：set sql_warnings=FALSE;
格式 2：set global sql_warnings=FALSE;
格式 3：set @@global.sql_warnings=OFF;
```

2) 会话变量

服务器为每个连接的客户端维护一系列会话变量,其作用域仅限于当前连接,即每个连接中的会话变量是独立的。

显示方法如下：

```
show session variables;
```

查看形式如下：

格式 1：`show variables like '%auto_increment_increment%';`
格式 2：`select @@auto_increment_increment;`
格式 3：`select @@session.auto_increment_increment;`
格式 4：`select @@local.auto_increment_increment;`

赋值形式如下：

格式 1：`set auto_increment_increment=1;`
格式 2：`set session auto_increment_increment=1;`
格式 3：`set @@session.auto_increment_increment=1;`
格式 4：`set @@local.auto_increment_increment=1;`

2. 用户定义变量

用户定义变量分为局部变量（不以@开头）和用户变量（以@开头）。

1）局部变量

局部变量一般用在 sql 语句块中，一般用于存储过程或者自定义函数里，作用范围在 begin 到 end 语句块之间，其作用域仅限于该语句块，在该语句块执行完毕后，局部变量就消失了。

定义形式如下：

`declare <局部变量名> <数据类型> [default 默认值];`

例如：

`declare test int;`

赋值形式如下：

`set 局部变量名=变量值;`

例如：

`set test=500;`

2）用户变量

用户变量作用于整个会话，即整个会话期间都是有效的。用户变量可以作用于当前整个连接，但是当前连接断开后，其所定义的用户变量都会消失。

声明并初始化的格式如下：

格式 1：`set @用户变量名=值[,@用户变量名 2=值 2...];`
格式 2：`set @用户变量名:=值[,@用户变量名 2:=值 2...];`
格式 3：`select @用户变量名:=值[,@用户变量名 2:=值 2...];`

赋值形式如下：

格式 1：`set @用户变量名=值;`

格式 2：set @用户变量名:=值；

格式 3：select @用户变量名:=值；

也可以通过 SELECT INTO 语句进行赋值。

格式 4：select 字段 into @用户变量名 from 表名；

查看形式如下：

select @用户变量名；

8.2　MySQL 系统函数

MySQL 数据库中提供了丰富的函数，包括数学函数、字符串函数、日期和时间函数等，这些函数通常与 SELECT 语句一起使用，以方便用户的查询。同时，INSERT、UPDATE、DELECT 语句和条件表达式也可以使用这些函数，可以更方便快捷地处理数据表中的数据。

8.2.1　数学函数

数学函数主要用于处理数字，包括整型和浮点型数等。MySQL 内置的数学函数包括三角函数、指数函数、对数函数、求近似值函数、随机函数、二进制和十六进制函数等。MySQL 常用数学函数见表 8-2。

表 8-2　MySQL 常用数学函数

函数名称	作　　用	函数名称	作　　用
ABS(x)	返回 x 的绝对值	POW(x,y)，POWER(x,y)	返回 x 的 y 次方
SQRT(x)	返回非负数 x 的二次方根	SIN(x)	返回 x 正弦值
MOD(x,y)	返回 x 除以 y 的余数	ASIN(x)	返回 x 反正弦值
CEIL(x)，CEILING(x)	返回不小于 x 的最小整数	COS(x)	返回 x 余弦值
FLOOR(x)	返回不大于 x 的最大整数	ACOS(x)	返回 x 反余弦值
RAND(x)	返回 0～1 之间的随机数，x 值相同时返回的随机数相同	TAN(x)	返回 x 正切值
ROUND(x)	返回 x 四舍五入的结果	ATAN(x)	返回 x 反正切值
SIGN(x)	返回 x 的符号，负数返回 -1，如 x 为零返回 0，x 为正数返回 1。	COT(x)	返回 x 余切值

8.2.2　字符串函数

字符串函数是 MySQL 中最常用的一类函数，主要用于处理表中的字符串，MySQL 提供了非常多的字符串函数，常用字符串处理函数见表 8-3。

表 8-3　MySQL 常用字符串函数

函 数 名 称	作　　用
LENGTH(s)	返回字符串 s 的长度,单位为字节
CONCAT(s1,s2,...)	合并字符串函数,返回结果为连接参数产生的字符串,参数可以是一个或多个
INSERT(s1,x,len,s2)	将字符串 s2 替换 s1 的 x 位置开始长度为 len 的字符串
LOWER(s),LCASE(s)	将字符串 s 中的字母转换为小写
UPPER(s),UCASE(s)	将字符串 s 中的字母转换为大写
LEFT(s,n)	返回字符串 s 左边开始的 n 个字符
RIGHT(s,n)	返回字符串 s 右边开始的 n 个字符
TRIM(s)	删除字符串 s 左右两侧的空格
REPLACE(s,s1,s2)	用字符串 s2 替代字符串 s 中的字符串 s1
SUBSTRING(s,n,len)	返回字符串 s 中第 n 个位置开始的长度为 len 的字符串
REVERSE(s)	返回与字符串 s 顺序相反的字符串

8.2.3　日期时间函数

MySQL 日期时间函数用于对表中的日期和时间数据的处理,MySQL 常用内置的日期时间函数见表 8-4。

表 8-4　MySQL 常用日期时间函数

函 数 名 称	作　　用
CURDATE(),CURRENT_DATE()	返回当前系统的日期值
CURTIME(),CURRENT_TIME()	返回当前系统的时间值
NOW(),SYSDATE()	返回当前系统的日期和时间值
TO_DAYS(d)	返回日期 d 的一个天数(从 0 年开始的天数)
FROM_DAYS(n)	返回天数 n 的日期值
MONTH(d)	返回日期 d 中的月份
MONTHNAME(d)	返回日期 d 中的月份英文名称
DAYNAME(d)	返回日期 d 对应的星期几的英文名称
DAYOFWEEK(d)	返回日期 d 对应的一周的索引位置值,1 表示星期日
WEEK(d)	返回日期 d 是一年中的第几周
DAYOFYEAR(d)	返回日期 d 是一年中的第几天
DAYOFMONTH(d)	返回日期 d 是一个月中的第几天
YEAR(d)	返回日期 d 的年份,返回值范围是 1970～2069
TIME_TO_SEC(t)	将时间 t 转换为秒
SEC_TO_TIME(s)	将秒数 s 转换为时间
DATE_ADD(d,INTERVAL expr type)	计算起始日期 d 加上一个时间段后的日期
ADDDATE(d,INTERVAL expr type)	同 DATA_ADD 函数
DATE_SUB(d,INTERVAL expr type)	计算起始日期 d 减去一个时间段后的日期

续表

函 数 名 称	作　　用
SUBDATE(d,INTERVAL expr type)	同 DATE_SUB 函数
ADDTIME(t,n)	计算起始时间 t 加上 n 秒的时间
SUBTIME(t,n)	计算起始时间 t 减去 n 秒的时间
DATEDIFF(d1,d2)	计算日期 $d1$～$d2$ 之间相隔的天数
DATE_FORMAT(d,f)	按照表达式 f 的格式要求显示日期 d

单元训练

选择题

1. 以下不合法的 MySQL 字符串常量为(　　　)。

    A. 'school'　　　　　　B. "shool"　　　　　C. school　　　　　　D. '$ %^@'

2. 以下不合法的数值型常量是(　　　)。

    A. 52.8E2　　　　　　B. X28　　　　　　C. 0x41　　　　　　D. b2

3. 以下不合法的日期型常量是(　　　)。

    A. 2020-01-01　　　B. '2020-01-01'　　　C. '2020/01/01'　　　D. "2020-01-01"

4. "16"属于(　　　)类型数据。

    A. 字符串　　　　　　B. 浮点型　　　　　　C. 数字型　　　　　　D. 日期和时间

5. 以下关于用户自定义变量说法错误的是(　　　)。

    A. 用户自定义变量分为用户变量和局部变量

    B. 用户变量以@开头

    C. 用户变量作用于整个会话,即整个会话期间都是有效的

    D. 局部变量作用于整个会话,即整个会话期间都是有效的

单元八自测题

MySQL数据操作

八仙过海，各显神通
——MySQL 表数据增、删、改操作

导学

存储在系统中的数据是数据库管理系统(DBMS)的核心，通过数据库可以管理数据的存储、访问和维护数据的完整性。MySQL 提供了功能丰富的数据库管理语句，包括向数据库中插入数据的 INSERT 语句，更新数据的 UPDATE 语句以及删除数据的 DELETE 语句等。本单元以第六章中创建的 db_test 数据库中的数据操作为例，详细介绍 MySQL 中表数据的增、删、改操作。

预习本单元内容，思考以下问题。

(1) 怎样使用 INSERT 语句向数据表中插入数据？怎样为自增型字段插入数据？

(2) UPDATA 语句如何使用？

(3) DELETE 语句和 TRUNCATE 语句有什么区别？

本单元的学习任务

通过本单元的学习，学会数据表中数据的添加、修改和删除操作。

(1) 学会使用 INSERT 语句向数据表添加数据；

(2) 学会使用 UPDATE 语句修改数据表中的数据；

(3) 学会使用 DELETE 语句删除数据表中的数据。

9.1 插入数据 INSERT

创建了数据库和数据表后，首先需要考虑的是如何向数据表中添加数据，在 MySQL 中可以使用 INSERT 语句向数据库已有的表中插入一行或者多行元组数据。

9.1.1 使用 INSERT...VALUES 语句插入数据

语句格式如下：

```
insert into <表名> [<列名 1> [,...<列名 n>]]
values (值 1) [...,(值 n) ];
```

参数说明

- 表名：指定被操作的表名。
- 列名：指定需要插入数据的列名。若向表中的所有列插入数据，则全部的列名均可以省略，直接采用 INSERT<表名> VALUES(...)语句即可。
- values：该子句包含要插入的数据清单。数据清单中数据的顺序要和列的顺序相对应，另外，当插入多条记录时，在多条记录之间应使用逗号分隔。

9.1.1 使用 INSERT... VALUES 语句插入数据

【例 9-1】 选择 db_test 数据库，向表 tb_admin 的所有字段中插入一条记录('001'，'张丽芳'，'zhlf'，'13843562565')。

SQL 语句如下：

```
use db_test;
insert into tb_admin values('001','张丽芳','zhlf','13843562565');
```

执行结果如图 9-1 所示。

```
mysql> insert into tb_admin values('001','张丽芳','zhlf','13843562565');
Query OK, 1 row affected (0.21 sec)
```

图 9-1   insert 语句执行结果

可以使用如下语句查询表中的数据进行验证，查询结果如图 9-2 所示。

```
select * from tb_adm in;
```

```
mysql> select * from tb_admin;
+--------+--------+----------+-------------+
| number | name   | password | telephone   |
+--------+--------+----------+-------------+
| 001    | 张丽芳  | zhlf     | 13843562565 |
+--------+--------+----------+-------------+
1 row in set (0.00 sec)
```

图 9-2   例 9-1 中 select 语句查询结果

SELECT 语句为 MySQL 查询语句，该语句表示查询数据表 tb_admin 中的全部字段。SELECT 语句将在第十单元进行详细介绍。

【例 9-2】 向表 book 插入部分数据记录。插入一条新记录，只包括两个字段 bookname 和 author，其中，bookname 字段值为"数据库技术"，author 字段值为"宋杰"。

SQL 语句如下：

```
insert into book(bookname,author) values('数据库技术','宋杰');
```

语句执行后，查询表中数据，执行结果如图 9-3 所示。

说明

- 当插入部分数据记录时，插入字段的字段名不能省略。

图 9-3　例 9-2 中 select 语句查询结果

- 当具有自增型字段时，即使没有指定自增型字段的值，系统也会为其自动添加相应编号。

【例 9-3】　同时向 tb_admin 表插入多条数据记录。向表中插入 3 条记录。

SQL 语句如下：

```
insert into tb_admin values ('002','孙浩','sh','13662278227'),
                            ('003','王彤彤','wtt','13542556736'),
                            ('004','张建','zhj','13833245366');
```

语句执行后，查询表中数据，执行结果如图 9-4 所示。

图 9-4　例 9-3 中 select 语句查询结果

【例 9-4】　同时向 book 表插入多条数据记录。

SQL 语句如下：

```
insert into book values (0,'Java 程序设计','董海波','2019-3-4'),
                        (null,'计算机网络技术','张星宇','2020-4-26'),
                        (4,'网页制作技术','赵雷','2019-3-10');
```

语句执行后，查询表中数据，执行结果如图 9-5 所示。

图 9-5　例 9-4 中 select 语句查询结果

说明　向表中添加数据时，如果没有指定插入数据的列，则需要添加全部字段的数据值。当具有自增型字段时，自增型字段也不能省略，自增型字段的数据值可以填入 0 或 NULL，系统会自动添加自增数据。

9.1.2　使用 INSERT...SET 语句插入数据

INSERT...SET 语句用于通过直接给表中的某些字段指定对应的值来实现插入指定数据。对于未指定值的字段将采用默认值进行添加。

9.1.2 使用 INSERT...
SET 语句插入数据

语句格式如下：

```
insert into <表名>
set <列名 1>=<值 1>,
    <列名 2>=<值 2>,
    ...;
```

表示向指定表中添加数据，set 关键字用于指定某列为对应的值。

【例 9-5】　向表 tb_admin 表添加数据，设置 number 值为"005"，name 值为"赵宇"。SQL 语句如下：

```
insert into tb_admin set number='005',name='赵宇';
```

语句执行后，查询表中数据，执行结果如图 9-6 所示。

```
mysql> select * from tb_admin;
+--------+--------+----------+-------------+
| number | name   | password | telephone   |
+--------+--------+----------+-------------+
| 001    | 张丽芳  | zhlf     | 13843562565 |
| 002    | 孙浩    | sh       | 13662278227 |
| 003    | 王彤彤  | wtt      | 13542556736 |
| 004    | 张建    | zhj      | 13833245366 |
| 005    | 赵宇    | NULL     | NULL        |
+--------+--------+----------+-------------+
5 rows in set (0.00 sec)
```

图 9-6　例 9-5 中 select 语句查询结果

在 MySQL 中，支持将查询结果插入指定的数据表中，可以通过 INSERT...SELECT 语句实现，INSERT...SELECT 将在第十单元进行介绍，详见 10.2.3 小节。

9.2　修改数据 UPDATE

在 MySQL 中，可以使用 UPDATE 语句更新表中的数据，可以更新特定的行或者同时更新所有的行。

9.2 MySQL 修改数据操作

语句格式如下：

```
update <表名> set <字段 1>=<值 1>[,<字段 2>=<值 2> ...] [where 子句]
```

[order by 子句][limit 子句];

参数说明

- 表名：必选项，用于指定要更新的表名称。
- set 子句：用于指定表中要修改的列名及其列值。其中，每个指定的列值可以是表达式，也可以是该列对应的默认值。如果指定的是默认值，可用关键字 DEFAULT 表示列值。
- where 子句：可选项，用于限定表中要修改的行，只有符合条件的行会被修改。若不指定，则修改表中所有的行。
- order by 子句：可选项，用于限定表中的行被修改的次序。
- limit 子句：可选项，用于限定被修改的行数。

【例 9-6】　修改表中的数据。修改表 tb_admin 中的数据，将密码 password 字段的值统一修改为字符串"123456"。

SQL 语句如下：

```
update tb_admin set password='123456';
```

语句执行结果如图 9-7 所示，可以看出有 5 行数据进行了更新。

```
mysql> update tb_admin set password='123456';
Query OK, 5 rows affected (0.12 sec)
Rows matched: 5  Changed: 5  Warnings: 0
```

图 9-7　例 9-6 中 update 语句执行结果

使用 SELECT 查询语句查询 tb_admin 表中的数据，执行如下语句，查询结果如图 9-8 所示。所有行中的 password 字段的值都被修改为字符串"123456"。

```
mysql> select * from tb_admin;
+--------+--------+----------+-------------+
| number | name   | password | telephone   |
+--------+--------+----------+-------------+
| 001    | 张丽芳 | 123456   | 13843562565 |
| 002    | 孙浩   | 123456   | 13662278227 |
| 003    | 王彤彤 | 123456   | 13542556736 |
| 004    | 张建   | 123456   | 13833245366 |
| 005    | 赵宇   | 123456   | NULL        |
+--------+--------+----------+-------------+
5 rows in set (0.00 sec)
```

图 9-8　例 9-6 中 select 语句查询结果

```
select * from tb_admin;
```

【例 9-7】　根据条件修改表中数据。修改表 tb_admin 中 number 为"005"的用户电话号码 telehphone 字段值为字符串"13453367899"。

SQL 语句如下：

```
update tb_admin set telephone='13453367899'
```

```
where number='005';
```

执行上述更新语句后,查询表中数据,执行结果如图 9-9 所示。可以看出 number 值为"005"的记录中的 telephone 值已经进行了更新。

```
mysql> select * from tb_admin;
+--------+--------+----------+-------------+
| number | name   | password | telephone   |
+--------+--------+----------+-------------+
| 001    | 张丽芳 | 123456   | 13843562565 |
| 002    | 孙浩   | 123456   | 13662278227 |
| 003    | 王彤彤 | 123456   | 13542556736 |
| 004    | 张建   | 123456   | 13833245366 |
| 005    | 赵宇   | 123456   | 13453367899 |
+--------+--------+----------+-------------+
5 rows in set (0.00 sec)
```

图 9-9　例 9-7 中 select 语句查询结果

9.3　删除数据 DELETE/TRUNCATE TABLE

在数据库中,有些数据已经失去意义或者出现错误时,就需要将它们删除,在 MySQL 中,可以使用 DELETE 语句或者 TRUNCATE 语句删除表中的数据。

9.3.1　使用 DELETE 语句删除表记录

语句格式如下:

```
delete from <表名>  [where 子句] [order by 子句] [limit 子句];
```

9.3.1 使用 DELETE
语句删除表记录

参数说明

- 表名:必选项,指定要删除数据的表名。
- order by 子句:可选项,表示删除时,表中各行将按照子句中指定的顺序进行删除。
- where 子句:可选项,表示为删除操作限定删除条件,若省略该子句,则代表删除该表中的所有行。
- limit 子句:可选项,用于告知服务器在控制命令被返回到客户端前被删除行的最大值。

【例 9-8】　删除表中全部数据。删除 tb_admin 中的全部数据。

SQL 语句如下:

```
delete from tb_admin;
```

语句执行后 tb_admin 中的全部数据都被删除。

【例 9-9】　删除表中指定条件的数据记录。删除 book 表中 date 字段值为 NULL 的数据。

SQL 语句如下:

```
delete from book where date is NULL;
```

执行上述更新语句后，查询表中数据，执行结果如图 9-10 所示。

```
mysql> select * from book;
+--------+--------------------+--------+---------------------+
| bookid | bookname           | author | date                |
+--------+--------------------+--------+---------------------+
|      2 | Java程序设计        | 董海波  | 2019-03-04 00:00:00 |
|      3 | 计算机网络技术       | 张星宇  | 2020-04-26 00:00:00 |
|      4 | 网页制作技术         | 赵雷    | 2019-03-10 00:00:00 |
+--------+--------------------+--------+---------------------+
3 rows in set (0.00 sec)
```

图 9-10　例 9-9 中 select 语句查询结果

9.3.2　使用 TRUNCATE 语句清空表记录

使用 TRUNCATE TABLE 语句可以删除表中的所有数据，并且无法恢复，因此需要谨慎使用该语句。

9.3.2 使用 TRUNCATE
语句清空表记录

语句格式如下：

```
truncate [table] [数据库名.]数据表名;
```

【例 9-10】　使用 truncate table 语句清空 db_test 数据库中的 book 表数据。

SQL 语句如下：

```
truncate table db_test.book;
```

语句执行后 book 表中的全部数据都被清空。

说明　DELETE 语句和 TRUNCATE TABLE 语句的区别：

- 使用 TRUNCATE TABLE 语句后，表中的 AUTO_INCREMENT 计数器将被重新设置为该列的初始值。
- 对于参与了索引和视图的表，不能使用 TRUNCATE TABLE 语句删除数据，只能使用 DELETE 语句删除数据。
- 使用 TRUNCATE TABLE 语句比使用 DELETE 语句在进行删除操作时使用的系统和事务日志资源少。使用 DELETE 语句时每删除一行数据都会在事务日志中添加一条记录，而 TRUNCATE TABLE 语句是通过释放存储表数据所用的数据页来删除数据的，因此只在事务日志中记录页的释放。

单元训练

一、选择题

1. 向 book 数据表的 id 字段添加字符型数据正确的 SQL 语句为（　　）。

　　A. insert from book(id) values('001');

　　B. insert into book(id) values('001');

C. insert into book(id) value('001');

D. insert into book(id) values('001')

2. SQL语句"insert into book set id='001',name='数据库技术'";与下列哪条语句功能相同(　　)。

A. insert into book values('001','数据库技术');

B. insert into book(id,name) ('001','数据库技术');

C. insert into book id='001',name='数据库技术';

D. insert into book(id,name) values('001','数据库技术');

3. 修改book数据表,将id字段为001的数据其name字段设置为"数据库技术",SQL语句正确的是(　　)。

A. alter book set name='数据库技术' where id='001';

B. update book set name='数据库技术' where id='001';

C. update book set name='数据库技术' id='001';

D. 以上都不正确

4. 以下关于删除数据说法错误的是(　　)。

A. DELETE语句可以删除表中的一行或多行数据

B. TRUNCATE语句可以删除表中的一行或多行数据

C. 使用DELETE语句删除数据时可以指定条件

D. TRUNCATE TABLE语句可以删除表中的所有数据,并且无法恢复

5. 删除book表中id字段为001的记录,SQL语句正确的是(　　)。

A. drop from book where id='001';

B. drop from book where id='001'

C. delete from book where id='001';

D. delete from book where id='001'

二、操作题

1. 思考student数据库中的3张数据表的联系,并进行插入数据操作,添加数据如图9-11~图9-13所示。

2. 创建员工表employee,表信息如图9-14所示。

3. 向employee表中一次插入3条记录,如图9-15所示。

4. 向employee表中插入一条记录,记录中name字段值为"李丹",age字段值为28。

5. 修改employee表中数据,将年龄age字段数据统一增加1。

```
mysql> select * from student;
+----------+----------+--------+-----+------------+----------------+--------------+----------------+
| sno      | class    | sname  | sex | birthday   | address        | telephone    | email          |
+----------+----------+--------+-----+------------+----------------+--------------+----------------+
| 12010101 | 网络2021 | 张涛   | 男  | 2001-02-03 | 河北省保定市   | 13565412300  | zt@126.com     |
| 12010102 | 网络2021 | 李浩新 | 男  | 2001-04-03 | 河北省廊坊市   | 13609289950  | lhx@126.com    |
| 12010123 | 网络2021 | 李爽   | 女  | 2001-04-21 | 河北省承德市   | 13403145890  | kkz@126.com    |
| 12020107 | 软件2021 | 孙志强 | 男  | 2002-06-01 | 河北省廊坊市   | 15803229033  | szhi@126.com   |
| 12020121 | 软件2021 | 陈丽英 | 女  | 2001-04-10 | 河北省保定市   | 13802118392  | c221@126.com   |
| 12020223 | 软件2022 | 张杰   | 女  | 2000-05-12 | 河北省石家庄市 | 13903112321  | zhji@126.com   |
+----------+----------+--------+-----+------------+----------------+--------------+----------------+
```

图9-11　student数据表数据

```
mysql> select * from course;
+------+---------------+--------+
| cno  | cname         | tname  |
+------+---------------+--------+
| 0001 | 数据库技术    | 王丽   |
| 0002 | 计算机网络    | 孙建军 |
| 0003 | 网页制作      | 赵刚   |
| 0004 | web前端技术   | 李天海 |
+------+---------------+--------+
```

图 9-12 course 数据表数据

```
mysql> select  * from score;
+----------+------+-------+
| sno      | cno  | score |
+----------+------+-------+
| 12010101 | 0001 |    89 |
| 12010101 | 0002 |    92 |
| 12010102 | 0001 |    78 |
| 12010102 | 0002 |    67 |
| 12010102 | 0003 |    90 |
| 12020223 | 0001 |    56 |
| 12020223 | 0003 |    68 |
| 12020223 | 0004 |    72 |
+----------+------+-------+
```

图 9-13 score 数据表数据

```
mysql> desc employee;
+-------+------------------+------+-----+---------+----------------+
| Field | Type             | Null | Key | Default | Extra          |
+-------+------------------+------+-----+---------+----------------+
| id    | int(10) unsigned | NO   | PRI | NULL    | auto_increment |
| name  | char(20)         | YES  |     | NULL    |                |
| age   | int(11)          | YES  |     | NULL    |                |
| info  | char(50)         | YES  |     | NULL    |                |
+-------+------------------+------+-----+---------+----------------+
4 rows in set (0.00 sec)
```

图 9-14 employee 数据表结构

```
mysql> select * from employee;
+----+----------+------+--------+
| id | name     | age  | info   |
+----+----------+------+--------+
|  1 | 张建     |   25 | 技术员 |
|  2 | 赵刚     |   27 | 技术员 |
|  3 | 孙丽丽   |   30 | 文秘   |
+----+----------+------+--------+
```

图 9-15 employee 数据表数据

6. 修改 employee 表中数据，将编号 id 字段为 1 的记录的名字 name 字段值修改为“张建强”。

7. 删除 employee 表中 info 字段值为 null 的数据记录。

8. 清空 employee 表中的所有数据，并重置表中的 AUTO_INCREMENT 计数器。

单元九自测题

单元十

众里寻他千百度——MySQL 数据查询

导学

抗击新冠肺炎疫情是一场与病毒赛跑的科技战。流行病学调查也称流调,是疫情控制的关键。流调需要获取个人基本信息、健康状况、近期行程情况等信息。如何查询这些信息呢? 使用数据库和数据表的主要目的是存储数据,以便在需要时能够进行检索、统计或组织输出。本单元将通过 SQL 语句的 select 语句从数据表中快速、便捷地检索数据,从而轻松地解决遇到的数据查询问题。

预习本单元内容,思考以下问题。

(1) select 子句、from 子句和 where 子句各有什么作用?

(2) avg()、sum()、count()、max()、min()统计函数的功能是什么?

(3) group by、having 子句的功能是什么?

(4) 在某些情况下,子查询和连接查询是否可以替换使用?

本单元的学习任务

在掌握 SQL 语言编程的基础上,学会使用 select 语句查询数据表中的数据。

(1) 掌握 SQL 语言编程基础知识;

(2) 掌握进行简单查询和条件查询;

(3) 掌握对查询结果进行操作;

(4) 掌握通过连接查询和子查询进行多表查询;

(5) 掌握使用关系运算合并查询语句。

10.1　查询语句 SELECT

select 语句是 SQL 的核心语句,由一系列灵活的子句组成,这些子句共同确定检索哪些数据。用户使用 select 语句除了可以查看普通数据库中的表和视图信息外,还可以查看 MySQL 的系统信息。使用 select 语句可以从数据库中检索行,还可以从一个或多个表中选择一个或多个行和列。本单元所用实例 student 数据库中各数据表的数据详见第九单元操作训练中操作题第1题。

1. select 语句结构

语句格式如下：

```
select <检索内容> [as <别名> ]
from <源表名>
[where <检索条件> ]
[group by <字段分类> [ having <检索条件> ]]
[order by <排序字段> [ asc | desc ]]
[limit <数量> ]
```

说明

- select：指定查询返回的列。
- from：指定语句中所使用的表、视图、派生表和连接表。
- where：指定查询返回的行的搜索条件。
- group by：按一个或多个列/表达式的值将一组选定行组合成一个集。
- having：与 group by 子句组合使用，用来对分组结果进一步限定搜索条件。
- orderby：指定 select 语句返回的列中所使用的排列顺序，默认升序。值 asc 为升序，值 desc 为降序。
- limit：限制查询结果的数量，若限定数量大于返回的总条数，则显示全部查询结果。

2. select 语句执行过程

通过 select 语句可从数据库中提取需要的数据，当用户提交 select 语句时，数据库管理系统（DBMS）按以下步骤执行。

(1) 首先执行 from 子句，根据 from 子句中的一个或者多个表创建工作表。如果在 from 子句中有两个或多个表，数据库管理系统将对表进行交叉连接后作为工作表。

(2) 如果有 where 子句，数据库管理系统将基于指定的条件对记录进行筛选，保留那些满足搜索条件的行，删除不满足条件的行。

(3) 如果有 group by 子句，数据库管理系统会将第(2)步生成的结果表中的行进行分组。

(4) 如果有 having 子句，数据库管理系统会将 having 子句列出的搜索条件作用于"组合"表中的每一行，保留那些满足搜索条件的行，删除那些不满足搜索条件的行。

(5) 将 select 子句作用于结果表，显示指定的列。如果子句包含 distinct 关键字，还将从结果中删除重复的行。

(6) 如果有 order by 子句，将按指定的排序规则对结果进行排序。

(7) 如果有 limit 子句，将显示限定条数的查询结果。

10.2　简　单　查　询

10.2.1　无数据源查询

无数据源查询是 select 语句的最简单表现形式。所谓无数据源查询就是查询没有保存在表中的数据。由于数据未保存在表中,因此查询时不需要给出 from 子句。使用无数据源查询语句主要用来查询系统变量、用户定义变量、表达式的值。

10.2.1 无数据源查询

语句格式如下:

```
select <变量或表达式> [ , ...n ];
```

功能　使用 select 输出变量或表达式的值。

1. 查看系统变量

由 MySQL 数据库系统提供的变量,无须用户定义。

【例 10-1】　查看 MySQL 中所有全局变量的值。

SQL 语句如下:

```
show global variables;
```

或者

```
show variables;
```

注意：查看 MySQL 的全局变量也可以不加 global 关键字。

【例 10-2】　查看 MySQL 单个全局变量 wait_timeout 的值。

SQL 语句如下:

```
select @@wait_timeout;
```

或者

```
show global variables like 'wait_timeout';
```

2. 查看自定义变量

【例 10-3】　自定义用户变量,并显示用户变量的值。

SQL 语句如下:

```
set @sname='张涛';
select @sname;
```

执行结果如图 10-1 所示。

```
mysql> set @sname='张涛';
Query OK, 0 rows affected (0.00 sec)

mysql> select @sname;
+---------+
| @sname  |
+---------+
| 张涛    |
+---------+
1 row in set (0.00 sec)
```

图 10-1　例 10-3 执行结果

3. 输出表达式的值

【例 10-4】 输出算数表达式(2＋4)×5、关系表达式 6＞7、6＜7 以及逻辑表达式 0 and 1、0 or 1、not 1 的结果。

SQL 语句如下：

```
select (2+4) * 5,6>7,6<7,0 and 1,0 or 1,not 1;
```

执行结果如图 10-2 所示。

```
mysql> select (2+4)*5,6>7,6<7,0 and 1,0 or 1,not 1;
+---------+-----+-----+---------+--------+-------+
| (2+4)*5 | 6>7 | 6<7 | 0 and 1 | 0 or 1 | not 1 |
+---------+-----+-----+---------+--------+-------+
|      30 |   0 |   1 |       0 |      1 |     0 |
+---------+-----+-----+---------+--------+-------+
1 row in set (0.00 sec)
```

图 10-2　例 10-4 执行结果

【例 10-5】 输出系统时间、当前年份、月份、日期的值。

SQL 语句如下：

```
select now(),year(now()),month(now()),day(now());
```

执行结果如图 10-3 所示。

```
mysql> select now(),year(now()),month(now()),day(now());
+---------------------+-------------+--------------+------------+
| now()               | year(now()) | month(now()) | day(now()) |
+---------------------+-------------+--------------+------------+
| 2020-03-04 23:03:33 |        2020 |            3 |          4 |
+---------------------+-------------+--------------+------------+
1 row in set (0.04 sec)
```

图 10-3　例 10-5 执行结果

10.2.2　查询所有列

最简单的 select 语句可查询指定表中的所有数据,只需要 select 和 from 两个关键字即可。要把所有的列及列数据展示出来,可使用符号 "＊",即用"＊"代替字段列表就可以包含所有字段。

10.2.2 查询所有列

语句格式如下:

```
select * from <表名>;
```

功能　使用 select 输出表中所有的列及列数据。

【例 10-6】　从 student 数据库中查询所有学生的全部信息。

SQL 语句如下:

```
use student;
select * from student;
```

执行结果如图 10-4 所示。

```
mysql> use student
Database changed
mysql> select * from student;
+----------+----------+--------+-----+------------+----------------+-------------+--------------+
| sno      | class    | sname  | sex | birthday   | address        | telephone   | email        |
+----------+----------+--------+-----+------------+----------------+-------------+--------------+
| 12010101 | 网络2021 | 张涛   | 男  | 2001-02-03 | 河北省保定市   | 13565412300 | zt@126.com   |
| 12010102 | 网络2021 | 李浩新 | 男  | 2001-04-03 | 河北省廊坊市   | 13609289950 | lhx@126.com  |
| 12010123 | 网络2021 | 李爽   | 女  | 2001-04-21 | 河北省承德市   | 13403145890 | kkz@126.com  |
| 12020107 | 软件2021 | 孙志强 | 男  | 2002-06-01 | 河北省廊坊市   | 15803229033 | szhi@126.com |
| 12020121 | 软件2021 | 陈丽英 | 女  | 2001-04-10 | 河北省保定市   | 13802118392 | c221@126.com |
| 12020223 | 软件2022 | 张杰   | 女  | 2000-05-12 | 河北省石家庄市 | 13903112321 | zhji@126.com |
+----------+----------+--------+-----+------------+----------------+-------------+--------------+
6 rows in set (0.07 sec)
```

图 10-4　例 10-6 查询结果

10.2.3　查询指定列

如果用户只需要获取部分列的数据,只需要将 select 语法中的"＊"换成所需的字段列表就可以查询指定列数据。若将表中所有的列都放在这个列表中,将查询整张表的数据。

10.2.3 查询指定列

语句格式如下:

```
select <字段列表> from <表名>;
```

功能　使用 select 输出表中指定列及列数据。

【例 10-7】　从 student 数据库的 student 表中查询学生的学号、姓名、班级。

SQL 语句如下:

```
select sno,sname,class from student;
```

执行结果如图 10-5 所示。

图 10-5 例 10-7 查询结果

使用 select 语句还可以向表中插入查询的数据,使用 insert into …select 语句能够将其他表中的查询记录插入本数据表中。目标表的列名表必须与原表的列名表一一对应,且数据类型一致。

【例 10-8】 将表 course 中的全部课程记录插入表 course_bak 中,假设表 course_bak 已存在且结构与表 course 相同。

分析 可使用 insert into …select 语句将 select 语句查询的指定列数据成功插入表 course_bak 的对应列中。

SQL 语句如下:

```
insert into course_bak(cno,cname,tname) select * from course;
```

执行结果如图 10-6 所示。

图 10-6 例 10-8 查询结果

10.2.4 查询计算列

在设计表结构时,对于能通过计算得到的数据,通常不需要再设计一个列来进行保存。在 select 语句中,可以对数值列使用"＋""－""＊""/"进行计算。同时,运算符也可以用于在多个列之间进行计算。

10.2.4 查询计算列

【例 10-9】 从 score 表中查询学号、课程号、原成绩,以及下调 10％以后的成绩。

SQL 语句如下:

```
select sno,cno,score,score * 0.9 from score;
```

执行结果如图 10-7 所示。

```
mysql> select sno,cno,score,score*0.9 from score;

sno        cno    score   score*0.9

12010101   0001   89      80.1
12010101   0002   92      82.8
12010102   0001   78      70.2
12010102   0002   67      60.3
12010102   0003   90      81.0
12020223   0001   56      50.4
12020223   0003   68      61.2
12020223   0004   72      64.8

8 rows in set (0.00 sec)
```

图 10-7　例 10-9 查询结果

【例 10-10】　计算 student 表中学生的年龄。

SQL 语句如下：

```
select year(from_days(datediff(now(),birthday))) from student;
```

执行结果如图 10-8 所示。

```
mysql> select year(from_days(datediff(now(),birthday))) from student;

year(from_days(datediff(now(),birthday)))

                                        19
                                        18
                                        18
                                        17
                                        18
                                        19

6 rows in set (0.00 sec)
```

图 10-8　例 10-10 查询结果

说明　from_days(n)函数用于针对给出的天数 n，可返回一个日期值。

10.2.5　定义表和结果列的别名

如图 10-7 和图 10-8 所示，查询结果中会显示字段名或查询表达式，为了便于查阅信息，可以为表或字段取一个简单的别名。

10.2.5 定义表和
结果列的别名

1. 为表设置别名

语句格式如下：

```
select <字段列表> from <表名> [as] <别名>;
```

功能　为查询表设置别名。

注意：在 from 子句中，别名一般在表名后被指定或者声明，而在其他句子中必须使用这些别名而不是真实的表名。

【例 10-11】 从 student 数据库的 student 表中查询女同学的 sname、sex、birthday，并将表名设置为 s。

SQL 语句如下：

```
select sname,sex,birthday from student as s where s.sex='女';
```

执行结果如图 10-9 所示。

```
mysql> select sname,sex,birthday from student as s where s.sex='女';
+--------+-----+------------+
| sname  | sex | birthday   |
+--------+-----+------------+
| 李爽   | 女  | 2001-04-21 |
| 陈丽英 | 女  | 2001-04-10 |
| 张杰   | 女  | 2000-05-12 |
+--------+-----+------------+
3 rows in set (0.00 sec)
```

图 10-9 例 10-11 查询结果

2. 为结果列设置别名

查询结果中默认输出列的列标题就是表的列名，输出表达式的列标题为该表达式。如果用户觉得该列名不能表达完整的意思，可对列设置一个别名。设置别名只是设置查询结果所显示的列名，而表中的列名并未改变。

语句格式如下：

```
select <表达式> [as] <别名> from <表名>;
```

功能 为查询结果列设置别名。

说明

- <表达式> [as] <别名>，as 可以省略。
- 当引用中文别名时，可以不加引号；而若引用英文别名超过两个词时，必须用引号将其引起来。

【例 10-12】 从 student 表中查询学生的信息即 sname、sex、birthday，并将结果列的列名分别显示为姓名、性别、出生日期。

SQL 语句如下：

```
select sname as 姓名,sex '性别',birthday as '出生日期' from student;
```

执行结果如图 10-10 所示。

【例 10-13】 查询学生出生的天数。

SQL 语句如下：

```
select sname 姓名, '出生' as 出生,datediff(now(),birthday) as 天数 from student;
```

执行结果如图 10-11 所示。

```
mysql> select sname as 姓名,sex '性别',birthday as '出生日期' from student;
+--------+--------+------------+
| 姓名   | 性别   | 出生日期   |
+--------+--------+------------+
| 张涛   | 男     | 2001-02-03 |
| 李浩新 | 男     | 2001-04-03 |
| 李爽   | 女     | 2001-04-21 |
| 孙志强 | 男     | 2002-06-01 |
| 陈丽英 | 女     | 2001-04-10 |
| 张杰   | 女     | 2000-05-12 |
+--------+--------+------------+
6 rows in set (0.00 sec)
```

图 10-10　例 10-12 查询结果

```
mysql> select sname 姓名, '出生' as 出生,datediff(now(),birthday) as 天数 from student;
+--------+--------+--------+
| 姓名   | 出生   | 天数   |
+--------+--------+--------+
| 张涛   | 出生   | 6961   |
| 李浩新 | 出生   | 6902   |
| 李爽   | 出生   | 6884   |
| 孙志强 | 出生   | 6478   |
| 陈丽英 | 出生   | 6895   |
| 张杰   | 出生   | 7228   |
+--------+--------+--------+
6 rows in set (0.00 sec)
```

图 10-11　例 10-13 查询结果

10.2.6　查询表中前 n 条数据

查询数据时,查询的内容可能为多条记录,而用户需要的记录可能只是很少的一部分,这样就需要限制查询结果的数量。limit 子句可以对查询结果数量进行限定,控制输出的行数。

10.2.6 查询表中前 n 条数据

1. 使用 limit 子句限制输出前 n 条数据

语句格式如下:

select <字段列表> from <表名> limit n;

功能　返回结果集的前 n 条数据。

说明　若 limit 后的数值大于数据总行数,则显示所有行。

【例 10-14】　从 student 数据库的 student 表中查询前 3 条数据,并显示姓名和班级。
SQL 语句如下:

select sname,class from student limit 3;

执行结果如图 10-12 所示。

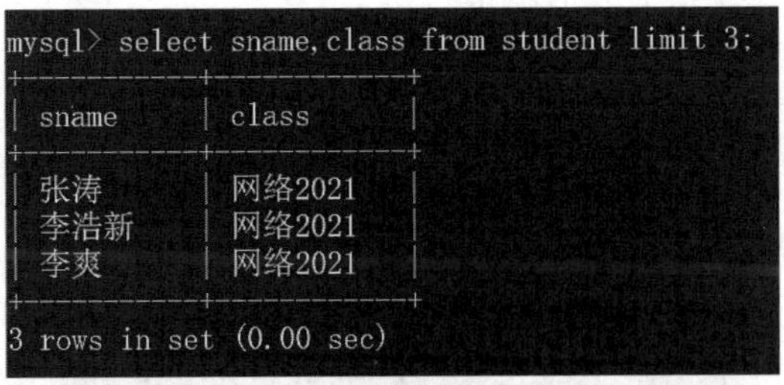

图 10-12　例 10-14 查询结果

2. 使用 limit 输出表中部分数据

语句格式如下：

select <字段列表> from <表名> limit n1,n2;

功能　返回结果集中的部分数据。

说明　n1 是开始读取的第一条记录的编号，在查询结果中，第一个记录的编号是 0。n2 是查询记录的个数。

【例 10-15】　显示 student 表中的第 3、4 条数据，并显示姓名和班级。

SQL 语句如下：

select sname,class from student limit 2,2;

执行结果如图 10-13 所示。

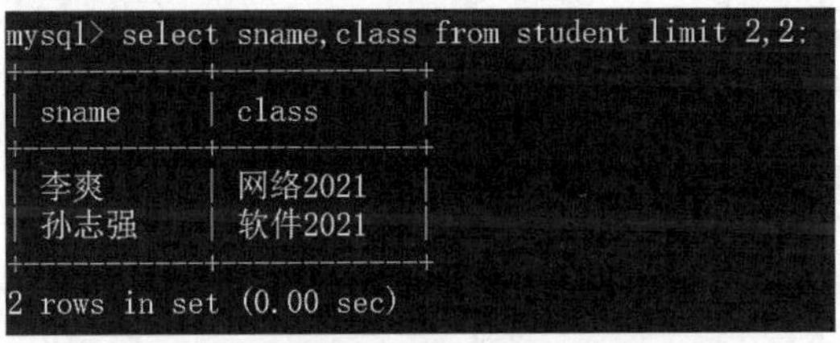

图 10-13　例 10-15 查询结果

10.2.7　消除重复记录

使用 distinct 关键字筛选结果集，对于重复行只保留并显示一行。这里的重复行是指结果集数据行的每个字段数据值都一样。

语句格式如下：

select [distinct] <字段列表> from <表名>;

功能　使用 distinct 关键字消除重复记录。

【例 10-16】　查询 student 表中所有的班级。

分析　因 student 表中存在多个班级名相同的记录，为了避免重复记录的出现，

10.2.7 消除重
复记录

select 语句中使用 distinct 关键字消除重复记录。

SQL 语句如下：

```
select distinct class from student;
```

执行结果如图 10-14 所示。

```
mysql> select distinct class from student;
+----------+
| class    |
+----------+
| 网络2021 |
| 软件2021 |
| 软件2022 |
+----------+
3 rows in set (0.00 sec)
```

图 10-14　例 10-16 查询结果

10.3　条件查询

10.3.1　比较条件查询

在查询信息时，若只需要查询表中满足条件的数据而不是全部数据，可以在 select 语句中通过 where 子句添加查询条件。

10.3.1 比较查询

语句格式如下：

```
select <字段列表> from <表名> where 表达式 1 比较运算符 表达式 2;
```

功能　使用 select 语句输出表中满足条件的列及列数据。

比较条件就是用来将两个数值表达式进行对比，参与对比的表达式可以是具体的值，也可以是函数，但对比的两个参数数据类型要一致。

说明

- 语法格式：where 表达式 1 比较运算符 表达式 2。
- 常用的比较运算符：等于（＝）、不等于（＜＞）、大于（＞）、小于（＜）、大于等于（＞＝）、小于等于（＜＝）。
- 字符串用单引号引起来，而不是双引号。

【例 10-17】　查询女生的姓名、性别、班级。

SQL 语句如下：

```
select sname,sex,class from student where sex='女';
```

执行结果如图 10-15 所示。

【例 10-18】　检索 2000 年 12 月 31 日以后出生的学生姓名和出生日期。

SQL 语句如下：

```
select sname,birthday from student where year(birthday)>=2001;
```

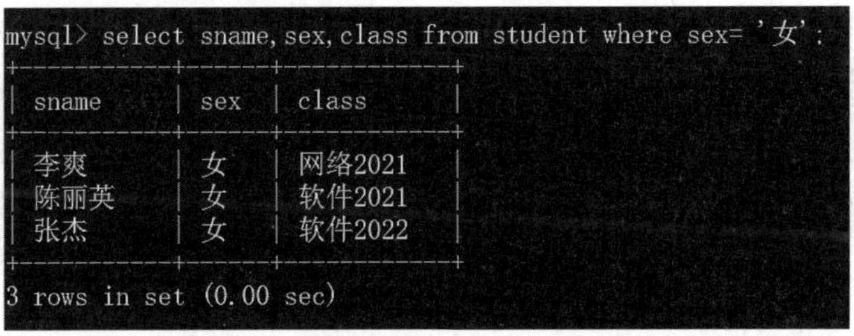

图 10-15 例 10-17 查询结果

执行结果如图 10-16 所示。

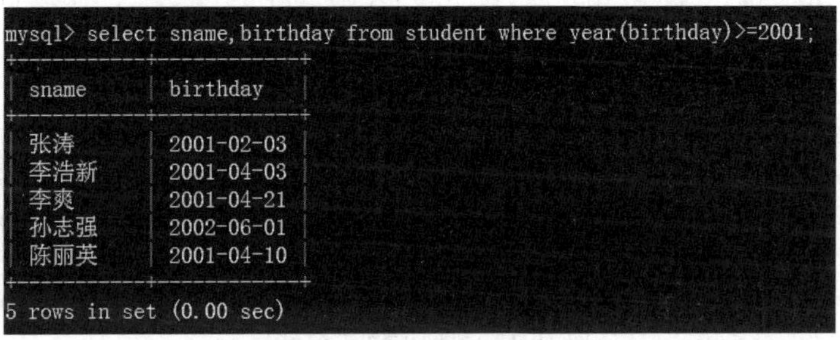

图 10-16 例 10-18 查询结果

10.3.2 逻辑条件查询

在编写一些比较复杂的查询条件时,可能需要将多个简单查询条件连接起来,这就需要使用逻辑运算符。逻辑运算符用于连接一个或多个条件表达式。

语句格式如下:

```
select <字段列表> from <表名> where <逻辑表达式>;
```

功能 逻辑表达式是使用逻辑运算符连接的表达式,逻辑运算符包括 and、or、not。

- and:与,当相连接的两个表达式都成立时才成立。
- or:或,当相连接的两个表达式中有一个成立时就成立。
- not:非,若原表达式成立,则语句不成立;若原表达式不成立,则语句成立。

说明 运算优先级从高到低依次为 not、and、or,可以使用圆括号改变执行的顺序。

【例 10-19】 查询"网络 2021"班的男生信息。

SQL 语句如下:

```
select * from student where class='网络2021' and sex= '男';
```

执行结果如图 10-17 所示。

【例 10-20】 检索所有 2002 年 12 月 31 日以后以及 2001 年 1 月 1 日以前出生的女生姓名和出生日期。

```
mysql> select * from student where class='网络2021' and sex='男';
+----------+----------+--------+------+------------+--------------+--------------+------------+
| sno      | class    | sname  | sex  | birthday   | address      | telephone    | email      |
+----------+----------+--------+------+------------+--------------+--------------+------------+
| 12010101 | 网络2021 | 张涛   | 男   | 2001-02-03 | 河北省保定市 | 13565412300  | zt@126.com |
| 12010102 | 网络2021 | 李浩新 | 男   | 2001-04-03 | 河北省廊坊市 | 13609289950  | lhx@126.com|
+----------+----------+--------+------+------------+--------------+--------------+------------+
2 rows in set (0.00 sec)
```

图 10-17　例 10-19 查询结果

SQL 语句如下：

```
select sname,birthday from student
where sex='女' and (year(birthday)>=2003 or year(birthday)<=2000);
```

执行结果如图 10-18 所示。

```
mysql> select sname,birthday from student where sex='女' and (year(birthday)>=2003 or year(birthday)<=2000);
+--------+------------+
| sname  | birthday   |
+--------+------------+
| 张杰   | 2000-05-12 |
+--------+------------+
1 row in set (0.00 sec)
```

图 10-18　例 10-20 查询结果

10.3.3　列表条件查询

有时需要查询某列数据是否在一个离散数据集内，这时可以使用 in 关键字在此列表中查询相匹配的表达式。

10.3.3 列表
查询

语句格式如下：

```
select <字段列表> from <表名> where <列名 (not) in 表达式列表>;
```

功能　查询数据值在列表内的行。

说明

- 表达式列表可以有一个或多个数据，放在圆括号内并用逗号隔开。
- 在 in 的前面使用 not 运算符，可查询不包含在指定数据集合中的数据。

【例 10-21】　查询"网络 2021"班和"软件 2021"班学生的信息。

SQL 语句如下：

```
select * from student where class in ('网络 2021','软件 2021');
```

执行结果如图 10-19 所示。

【例 10-22】　查询不属于"网络 2021"班和"软件 2021"班学生的信息。

SQL 语句如下：

```
select * from student where class not in ('网络 2021','软件 2021');
```

图 10-19　例 10-21 查询结果

10.3.4　范围条件查询

在实际应用中经常需要判断某列的值是否在指定的一个区间中,这时可以使用关键字 between...and。

语句格式如下:

select <字段列表> from <表名>
where <列名 (not) between 表达式 1 and 表达式 2>;

功能　查询数据值在指定区间中的数据行。

说明

- 两个表达式的数据类型要和 where 后所列的数据类型一致。
- 对于表达式 1≤表达式 2,查询条件包含表达式 1 和表达式 2。

【例 10-23】　查询成绩在 90~100 的学生学号、课程号、成绩。

SQL 语句如下:

select sno,cno,score from score where score between 90 and 100;

执行结果如图 10-20 所示。

图 10-20　例 10-23 查询结果

【例 10-24】　查询成绩不在 90~100 的学生学号、课程号、成绩。

SQL 语句如下:

select sno,cno,score from score where score not between 90 and 100;

10.3.5 模糊条件查询

当用户在数据库中查询数据时,有时不一定能对查询条件进行精确定义,这时就可以使用模糊查询来匹配部分内容。

1. 使用 like 关键字模糊查询

在 select 中使用通配符和 like 关键字实现模糊条件查询。

语句格式如下:

select <字段列表> from <表名> where <列名 (not) like 字符表达式>;

功能　查询匹配部分内容的数据行。

说明　常用的通配符有％、_等,在第五单元中已经介绍,见表5-4。

【例 10-25】　查找所有姓"张"的学生信息。

SQL 语句如下:

select * from student where sname like '张％';

执行结果如图 10-21 所示。

```
mysql> select * from student where sname like '张%';
+----------+----------+-------+-----+------------+----------------+--------------+---------------+
| sno      | class    | sname | sex | birthday   | address        | telephone    | email         |
+----------+----------+-------+-----+------------+----------------+--------------+---------------+
| 12010101 | 网络2021 | 张涛  | 男  | 2001-02-03 | 河北省保定市   | 13565412300  | zt@126.com    |
| 12020223 | 软件2022 | 张杰  | 女  | 2000-05-12 | 河北省石家庄市 | 13903112321  | zhji@126.com  |
+----------+----------+-------+-----+------------+----------------+--------------+---------------+
2 rows in set (0.00 sec)
```

图 10-21　例 10-25 查询结果

【例 10-26】　检索所有姓"李"以及姓名中第二个字为"丽"的,并且住址含有"河北省"的学生的姓名、性别和住址。

SQL 语句如下:

select sname,sex,address from student
where (sname like '李％' or sname like '_丽％') and address like '％河北省％';

执行结果如图 10-22 所示。

```
mysql> select sname,sex,address from student where (sname like '李%' or sname like '_丽%') and  address like '%河北省%';
+--------+-----+--------------+
| sname  | sex | address      |
+--------+-----+--------------+
| 李浩新 | 男  | 河北省廊坊市 |
| 李爽   | 女  | 河北省承德市 |
| 陈丽英 | 女  | 河北省保定市 |
+--------+-----+--------------+
3 rows in set (0.00 sec)
```

图 10-22　例 10-26 查询结果

2. 使用 regexp 关键字进行匹配查询

正则表达式是用某种模式去匹配一类字符串的一个方法。正则表达式的查询能力比 like 的查询能力更强大，而且更灵活。在 MySQL 中，使用 regexp 关键字来进行正则表达式匹配。

语句格式如下：

select <字段列表> from <表名> where <列名 regexp 字符表达式>;

功能　查询匹配部分内容的数据行。

常用的模式字符见表 10-1。

表 10-1　正则表达式的模式字符

通配符	说　明	示　例
^	匹配以特定字符或字符串开头	sname regexp '^张' 查找姓名中第一个字是"张"的学生
$	匹配特定字符或字符串结尾	sname regexp '杰 $' 查找姓名中最后一个字是"杰"的学生
<字符串>	匹配包含指定字符的文本	address regexp '承德市' 查找地址中包含"承德市"的所有学生
.	匹配任何单个字符	sname regexp ' .小华' 查找任意姓氏名字叫小华的学生
[...]	匹配指定范围或集合中任何单个字符	sname regexp '[张李王]小华' 将查找名字为张小华、李小华、王小华的学生
[^...]	匹配不属于指定范围或集合的任何单个字符	sname regexp '[^张李]小华' 将查找不姓张、李的名为小华的学生
s1|s2|s3	匹配 s1、s2 和 s3 中的任意一个字符串	address regexp　'承德|保定|石家庄' 查找地址中包含"承德""保定""石家庄"的所有学生
*	匹配多个该符号之前的字符，包括 0 和 1 个	'zo * '能匹配 z 以及 zoo，* 等价于{0,}
+	匹配多个该符号之前的字符，不包括 0 个	'zo＋'能匹配 zo 以及 zoo，但不能匹配 z。＋等价于{1,}
字符串{n}	匹配字符串出现 n 次，n 是一个非负数	'o{2}'不能匹配 Bob 中的 o，但是能匹配 food 中的两个 o
字符串{m,n}	匹配字符串出现至少 m 次，最多 n 次，m，n 均为非负数。其中，n<=m	'o{2,3}'可以匹配 food 中的两个 o，也可以匹配 foood 中的三个"o"

使用"[]"可以匹配指定范围或集合中任何单个字符。只要记录中包含方括号中的任意字符，该记录就会被查询出来。

【例 10-27】　检索所有姓"李"或者名字中最后一个字是"英"的学生姓名、性别和住址。

SQL 语句如下：

```
select sname,sex,address from student where sname regexp '^李|英$';
```

执行结果如图 10-23 所示。

```
mysql> select sname,sex,address from student where sname regexp '^李|英$';
+--------+------+--------------+
| sname  | sex  | address      |
+--------+------+--------------+
| 李浩新 | 男   | 河北省廊坊市 |
| 李爽   | 女   | 河北省承德市 |
| 陈丽英 | 女   | 河北省保定市 |
+--------+------+--------------+
3 rows in set (0.03 sec)
```

图 10-23　例 10-27 查询结果

使用"＊"和"＋"都可以匹配多个该符号之前的字符，区别是＋至少表示 1 个字符，而"＊"可以表示 0 个字符。

【例 10-28】 使用"＊"进行正则表达式匹配，查询电话号码中含 138 的学生信息。

SQL 语句如下：

```
select * from student where telephone regexp '138*';
```

执行结果如图 10-24 所示。

```
mysql> select * from student where telephone regexp '138*';
+----------+----------+--------+------+------------+----------------+-------------+---------------+
| sno      | class    | sname  | sex  | birthday   | address        | telephone   | email         |
+----------+----------+--------+------+------------+----------------+-------------+---------------+
| 12010101 | 网络2021 | 张涛   | 男   | 2001-02-03 | 河北省保定市   | 13565412300 | zt@126.com    |
| 12010102 | 网络2021 | 李浩新 | 男   | 2001-04-03 | 河北省廊坊市   | 13609289950 | lhx@126.com   |
| 12010123 | 网络2021 | 李爽   | 女   | 2001-04-21 | 河北省承德市   | 13403145890 | kkz@126.com   |
| 12020121 | 软件2021 | 陈丽英 | 女   | 2001-04-10 | 河北省保定市   | 13802118392 | c221@126.com  |
| 12020223 | 软件2022 | 张杰   | 女   | 2000-05-12 | 河北省石家庄市 | 13903112321 | zhji@126.com  |
+----------+----------+--------+------+------------+----------------+-------------+---------------+
5 rows in set (0.06 sec)
```

图 10-24　例 10-28 查询结果

使用关键字"＊"，则"＊"之前的数字 8 最少可以匹配 0 次，所以 telephone 列匹配 13 所得数据的条数为 5。

【例 10-29】 使用＋进行正则表达式匹配，查询电话号码中含 138 的学生信息。

SQL 语句如下：

```
select * from student where telephone regexp '138+';
```

执行结果如图 10-25 所示。

```
mysql> select * from student where telephone regexp '138+';
+----------+----------+--------+------+------------+--------------+-------------+--------------+
| sno      | class    | sname  | sex  | birthday   | address      | telephone   | email        |
+----------+----------+--------+------+------------+--------------+-------------+--------------+
| 12020121 | 软件2021 | 陈丽英 | 女   | 2001-04-10 | 河北省保定市 | 13802118392 | c221@126.com |
+----------+----------+--------+------+------------+--------------+-------------+--------------+
1 row in set (0.00 sec)
```

图 10-25　例 10-29 查询结果

使用关键字"+",则"+"之前的数字 8 最少可以匹配 1 次,所以 telephone 列匹配 138 所得数据的数量为 1。

10.3.6 空值条件查询

如果某列中没有保存数据,则该列的值为空,表示为 null。

语句格式如下:

```
select <字段列表> from <表名> where <列名 is (not) null>;
```

功能 查询数据值为空的数据行。

说明

- 判断列值是否为空,使用关键字"is",不能使用"="。
- 可以在 null 前添加一个 not 运算符,表示"非空"。

【例 10-30】 查询成绩为空的学号、课程号、成绩。

SQL 语句如下:

```
select sno,cno,score from score where score is null;
```

执行结果如图 10-26 所示。

```
mysql> select sno,cno,score from score where score is null;
+----------+------+-------+
| sno      | cno  | score |
+----------+------+-------+
| 12010101 | 0003 | NULL  |
+----------+------+-------+
1 row in set (0.00 sec)
```

图 10-26 例 10-30 查询结果

【例 10-31】 查询成绩表中成绩为非空的学号、课程号、成绩。

SQL 语句如下:

```
select sno,cno,score from score where score is not null;
```

10.4 查询结果操作

10.4.1 对查询结果进行排序

使用 order by 子句可以对查询结果集的相应列进行排序,将查询结果按一个或多个列值的大小顺序输出。

语句格式如下:

```
select <字段列表> from <表名> [where <查询条件>]
order by <排序字段> [ asc | desc ];
```

功能　使查询结果按设定的排序方式显示。

说明

- 当有多个排序字段时，用逗号隔开，各字段后都可以跟一个排序要求。
- asc 关键字表示升序，desc 关键字表示降序，默认情况为 asc。
- 使用 order by 子句查询时，若存在 null 值，则被视为最低的可能值。
- ntext、text、image、xml 类型的列不能用于 order by 子句。

【例 10-32】　查询学号、课程号、成绩，并按成绩升序排序。

SQL 语句如下：

```
select sno, cno, score from score order by score;
```

执行结果如图 10-27 所示。

```
mysql> select sno, cno, score from score order by score;
+----------+------+-------+
| sno      | cno  | score |
+----------+------+-------+
| 12020223 | 0001 |    56 |
| 12010102 | 0002 |    67 |
| 12020223 | 0003 |    68 |
| 12020223 | 0004 |    72 |
| 12010102 | 0001 |    78 |
| 12010101 | 0001 |    89 |
| 12010102 | 0003 |    90 |
| 12010101 | 0002 |    92 |
+----------+------+-------+
8 rows in set (0.00 sec)
```

图 10-27　例 10-32 查询结果

【例 10-33】　查询学生的姓名、班级，查询结果按班名升序，以及姓名降序排序。

SQL 语句如下：

```
select sname, class from student order by class, sname desc;
```

【例 10-34】　查询成绩表中学生成绩排名前 3 的选课记录。

SQL 语句如下：

```
select * from score order by score desc limit 3;
```

执行结果如图 10-28 所示。

```
mysql> select * from score order by score desc limit 3;
+----------+------+-------+
| sno      | cno  | score |
+----------+------+-------+
| 12010101 | 0002 |    92 |
| 12010102 | 0003 |    90 |
| 12010101 | 0001 |    89 |
+----------+------+-------+
3 rows in set (0.00 sec)
```

图 10-28　例 10-34 查询结果

10.4.2　使用聚合函数查询

10.4.2 使用聚合函数查询

聚合函数对一组值执行计算，并返回单个值。常用的聚合函数见表 10-2。

表 10-2　MySQL 聚合函数

函数	功　能	示　例
count	求个数，返回数据的数量	count(1,3,4,7)=4
sum	求和，返回表达式中所有值的和	sum(1,3,5,7)=16
avg	求平均值，返回表达式中所有值的平均值	avg(1,3,5,7)=4
max	求最大值，返回表达式中所有值的最大值	max(1,3,5,7)=7
min	求最小值，返回表达式中所有值的最小值	min(1,3,5,7)=1

说明

- 除 count 函数以外，其他聚合函数都会忽略空值。
- 使用聚合函数时可以使用 as 关键字设置别名。
- 聚合函数中可以使用表达式。

【例 10-35】　查询成绩表中所有学生选修课程数量、总分、平均分及最高、最低分。

SQL 语句如下：

```
select count(*),sum(score),avg(score),max(score), min(score) from score;
```

执行结果如图 10-29 所示。

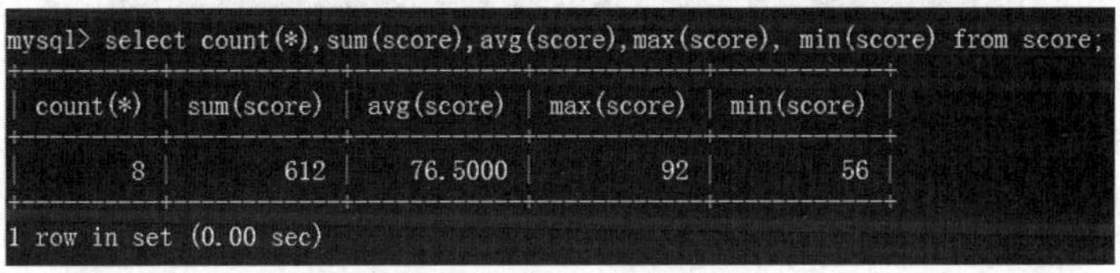

```
mysql> select count(*),sum(score),avg(score),max(score), min(score) from score;
+----------+------------+------------+------------+------------+
| count(*) | sum(score) | avg(score) | max(score) | min(score) |
+----------+------------+------------+------------+------------+
|        8 |        612 |    76.5000 |         92 |         56 |
+----------+------------+------------+------------+------------+
1 row in set (0.00 sec)
```

图 10-29　例 10-35 查询结果

【例 10-36】　查询成绩表中所有学生选修课程数量、总分、平均分及最高、最低分，要求分数加 5 分后再求和，并设置别名以显示结果。

SQL 语句如下：

```
select count(*) as num,sum(score+5) as sum,avg(score) as avg,
max(score) as max, min(score) as min from score;
```

执行结果如图 10-30 所示。

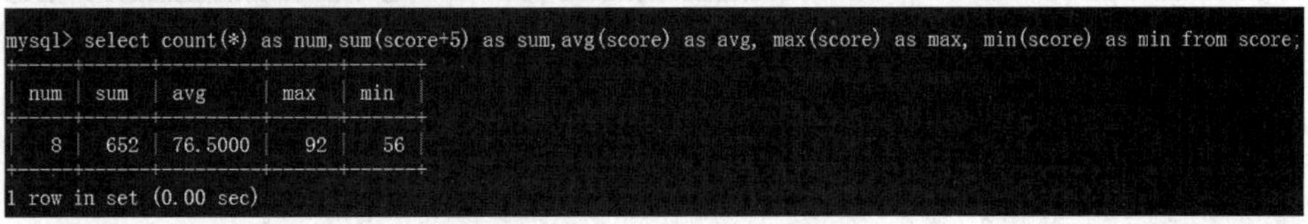

```
mysql> select count(*) as num,sum(score+5) as sum,avg(score) as avg, max(score) as max, min(score) as min from score;
+-----+-----+---------+-----+-----+
| num | sum | avg     | max | min |
+-----+-----+---------+-----+-----+
|   8 | 652 | 76.5000 |  92 |  56 |
+-----+-----+---------+-----+-----+
1 row in set (0.00 sec)
```

图 10-30　例 10-36 查询结果

10.4.3 对查询结果进行分组

10.4.3 对查询结果进行分组

使用 group by 子句可以对查询结果进行分组，如果 select 子句中包含聚合函数，则计算每组的汇总值。

语句格式如下：

```
select <字段列表> from <表名>
[where <查询条件>] [group by <分类字段>];
```

说明

- group by 子句中的分类字段可以包含多个列。
- select 后面的检索内容必须是聚合函数或在 group by 子句中的分类字段。
- 如果 select 子句中包含聚合函数，则使用 group by 子句将计算每组的汇总值。

【例 10-37】 查询学生表 student 中男、女生人数。

SQL 语句如下：

```
select sex,count(*) as num from student group by sex;
```

执行结果如图 10-31 所示。

```
mysql> select sex,count(*) as num from student group by sex;
+------+-----+
| sex  | num |
+------+-----+
| 男   |   3 |
| 女   |   3 |
+------+-----+
2 rows in set (0.00 sec)
```

图 10-31　例 10-37 查询结果

【例 10-38】 查询成绩表中每个学生选修课程数量、总分及最高、最低分。

SQL 语句如下：

```
select sno,count(*) as num,sum(score) as sum,max(score) as max,
min(score) as min from score group by sno;
```

执行结果如图 10-32 所示。

```
mysql> select sno,count(*) as num,sum(score) as sum,max(score) as max, min(score) as min from score group by sno;
+----------+-----+------+------+------+
| sno      | num | sum  | max  | min  |
+----------+-----+------+------+------+
| 12010101 |   2 |  181 |   92 |   89 |
| 12010102 |   3 |  235 |   90 |   67 |
| 12020223 |   3 |  196 |   72 |   56 |
+----------+-----+------+------+------+
3 rows in set (0.00 sec)
```

图 10-32　例 10-38 查询结果

【例 10-39】 对学生表中的数据进行分组汇总，要求按学生出生年份进行分组，统计各年份对应的学生数量。

SQL 语句如下：

```
select date_format(birthday,'%Y') as 年,count(*) as 人数 from student
group by date_format(birthday,'%Y');
```

执行结果如图 10-33 所示。

```
mysql> select date_format(birthday,'%Y') as 年,count(*) as 人数 from student group by date_format(birthday,'%Y');
+------+------+
| 年   | 人数 |
+------+------+
| 2001 |    4 |
| 2002 |    1 |
| 2000 |    1 |
+------+------+
3 rows in set (0.00 sec)
```

图 10-33　例 10-39 查询结果

注意：在 date_format（）函数中，％Y 表示按年显示时间，且年份的显示为四位数字。

10.4.4　对分组后的结果集数据进行过滤

having 子句用来指定组或聚合函数的搜索条件，通常在 group by 子句中使用。

语句格式如下：

```
select <字段列表> from <表名>
[where <查询条件>] [group by <分类字段> [having <检索条件>]];
```

说明　使用 having 语句查询与 where 关键字类似，都是在关键字后面插入条件表达式来规范查询结果，两者不同体现在以下几点：

- where 关键字针对列的数据，having 则是针对结果组。
- where 关键字不能与聚合函数一起使用，而 having 一般都与聚合函数结合使用。
- where 关键字在分组前对数据进行过滤，having 语句只过滤分组后的数据。

【例 10-40】　查询成绩表中平均成绩及格的学生选修课程数量、总分及最高、最低分。

SQL 语句如下：

```
select sno, count(*) as num, sum(score) as sum, max(score) as max, min(score)
as min
from score
group by sno having avg(score)>=60;
```

执行结果如图 10-34 所示。

【例 10-41】　查询成绩表中选修 3 门课程以上的学生学号。

SQL 语句如下：

```
select sno from score group by sno having count(*)>=3;
```

执行结果如图 10-35 所示。

```
mysql> select sno,count(*) as num,sum(score) as sum,max(score) as max, min(score) as min from score group by sno having avg(score)>=60;
```

sno	num	sum	max	min
12010101	2	181	92	89
12010102	3	235	90	67
12020223	3	196	72	56

```
3 rows in set (0.00 sec)
```

图 10-34　例 10-40 查询结果

```
mysql> select sno from score group by sno having count(*)>=3;
```

sno
12010102
12020223

```
2 rows in set (0.00 sec)
```

图 10-35　例 10-41 查询结果

10.5　连接查询

涉及两个或两个以上表的查询称为多表查询,在进行多表查询前首先要弄清楚各表之间的关联,这是多表查询的基础。将多个表连接在一起的查询即为连接查询,连接查询可分为交叉连接查询、内连接查询、自连接查询、外连接查询。

10.5.1　交叉连接查询

所谓交叉连接是指将一个表中的每一行与另外一个表中的每一行分别进行连接。没有 where 子句的交叉连接将两个表不加任何约束地组合在一起,也就是将第一个表的所有记录分别与第二个表中的每条记录拼接以组成新的记录。交叉连接会生成两个基表各行所有可能的组合。

10.5.1 交叉连接查询

语句格式 1 如下:

```
select <列表字段> from <表名 1>,<表名 2>;
```

语句格式 2 如下:

```
select <列表字段> from <表名 1> cross join <表名 2>;
```

说明　对于交叉连接查询,结果集的行数就是两个表行数的乘积,结果集的列数就是两个表列数之和。

【例 10-42】　将表 course 与表 score 进行交叉连接。

SQL 语句如下:

```
select * from course,score;
```

或者

```
select * from course cross join score;
```

如果 course 表有 4 条记录，score 表有 8 条记录，两个表的交叉连接会返回两个表所有行的组合，也就是被连接的两个表所有数据行的笛卡尔积，因此 course 表与 score 表进行交叉连接会返回 4×8＝32 条记录。

10.5.2　内连接查询

所谓内连接是指通过在查询中设置连接条件的方式，来移除查询结果集中某些数据行后的交叉连接。简单来说，就是利用条件表达式来消除交叉连接的某些数据行。在内连接查询中，只有满足条件的元组才能出现在结果关系中。

10.5.2 内连接

语句格式 1 如下：

```
select <列表字段> from <表名 1>,<表名 2> where <表名 1.列名=表名 2.列名>;
```

语句格式 2 如下：

```
select <列表字段> from <表名 1> inner join <表名 2> on <表名 1.列名=表名 2.列名>;
```

说明

- 列表字段中的列名若在表 1 和表 2 中都包含，则必须使用"表名.列名"形式。
- 若有多个表连接，则表名之间用逗号隔开。
- 可以在表名后面使用 as 关键字，为表设置别名。在此，as 关键字可以省略，而用空格隔开原名与别名。但若为表指定了别名，则只能用"别名.列名"来表示同名列，不能使用"表名.列名"来表示。
- 连接条件即为各表之间的关联，其形式为"表名 1.主键＝表名 2.外键"。
- 若 n 个表的连接，通常需要 $n-1$ 个连接条件。
- 如果是带条件的连接查询，则将条件表达式放在连接条件的后面，使用 and 关键字即可。条件表达式最好放在括号内，以免因优先级的问题发生错误。

【例 10-43】　查询所有学生的学号、姓名、课程编号、成绩。

SQL 语句如下：

```
select student.sno,sname,cno,score from student,score where student.sno=
score.sno;
```

或者

```
select student.sno, sname, cno, score from student inner join score on student.
sno=score.sno;
```

执行结果如图 10-36 所示。

【例 10-44】　查询所有学生的学号、姓名、课程编号、课程名称、成绩。

SQL 语句如下：

```
select student.sno,sname,course.cno,cname,score from student,course,score
```

```
mysql> select student.sno,sname,cno,score from student,score where student.sno=score.sno;
+----------+--------+------+-------+
| sno      | sname  | cno  | score |
+----------+--------+------+-------+
| 12010101 | 张涛   | 0001 |    89 |
| 12010101 | 张涛   | 0002 |    92 |
| 12010102 | 李浩新 | 0001 |    78 |
| 12010102 | 李浩新 | 0002 |    67 |
| 12010102 | 李浩新 | 0003 |    90 |
| 12020223 | 张杰   | 0001 |    56 |
| 12020223 | 张杰   | 0003 |    68 |
| 12020223 | 张杰   | 0004 |    72 |
+----------+--------+------+-------+
8 rows in set (0.00 sec)
```

图 10-36　例 10-43 查询结果

```
where student.sno=score.sno and course.cno=score.cno;
```

或者

```
select student.sno,sname,course.cno,cname,score from student inner join
score on student.sno=score.sno inner join course on course.cno=score.cno;
```

执行结果如图 10-37 所示。

```
mysql> select student.sno,sname,course.cno,cname,score from student,course,score where student.sno=score.sno and course.cno=score.cno;
+----------+--------+------+-------------+-------+
| sno      | sname  | cno  | cname       | score |
+----------+--------+------+-------------+-------+
| 12010101 | 张涛   | 0001 | 数据库技术  |    89 |
| 12010101 | 张涛   | 0002 | 计算机网络  |    92 |
| 12010102 | 李浩新 | 0001 | 数据库技术  |    78 |
| 12010102 | 李浩新 | 0002 | 计算机网络  |    67 |
| 12010102 | 李浩新 | 0003 | 网页制作    |    90 |
| 12020223 | 张杰   | 0001 | 数据库技术  |    56 |
| 12020223 | 张杰   | 0003 | 网页制作    |    68 |
| 12020223 | 张杰   | 0004 | web前端技术 |    72 |
+----------+--------+------+-------------+-------+
8 rows in set (0.00 sec)
```

图 10-37　例 10-44 查询结果

【例 10-45】 检索选修了“数据库技术”及“计算机网络”的学生的学号、姓名、课程号、课程名、成绩。

SQL 语句如下：

```
select score.sno,sname,score.cno,cname,score from student,course,score
where student.sno=score.sno and course.cno=score.cno
and (cname= '数据库技术' or cname='计算机网络');
```

或者

```
select score.sno,sname,score.cno,cname,score from student inner join
score on score.sno=student.sno inner join course on course.cno=score.cno
and (cname= '数据库技术' or cname='计算机网络');
```

执行结果如图 10-38 所示。

图 10-38 例 10-45 查询结果

【例 10-46】 查询每门课程的课程号、课程名及其选课人数。

SQL 语句如下：

```
select course.cno,cname,count(*) as num from course,score
where course.cno=score.cno group by course.cno,cname;
```

或者

```
select course.cno,cname,count(*) as num from course inner join score
on course.cno=score.cno group by course.cno,cname;
```

执行结果如图 10-39 所示。

图 10-39 例 10-46 查询结果

10.5.3 自连接查询

如果在一个连接查询中涉及的两个表都是同一张表，则这种查询称为自连接查询。自连接是指将一个表与它自身连接，将表分成两个，使用不同的别名，成为两个独立的表。自连接是一种特殊的内连接，它是指相互连接的表在物理上为同一张表，但可以在逻辑上分为两张表。自连接通常用于查询表中同列的数据。

10.5.3 自连接查询

语句格式 1 如下：

```
select <列表字段> from <表名 1> as <别名 1>,<表名 2> as <别名 2>
where <别名 1.列名=别名 2.列名>;
```

语句格式 2 如下：

```
select <列表字段> from <表名 1> as <别名 1> inner join
<表名 2> as <别名 2> on <别名 1.列名=别名 2.列名>;
```

说明

- 同一张表在 from 子句中多次出现,为了区别该表的每一次出现,需要使用 as 关键字为表定义一个别名。as 关键字可以省略,而用空格隔开原名与别名。
- 若为表指定了别名,则只能用"别名.列名"形式来表示同名列,而不能用"表名.列名"形式表示。

【例 10-47】 在成绩表中查询所有同时选修课程编号为 0001 和 0002 的学生的学号。
SQL 语句如下:

```
select sc1.sno from score as sc1,score as sc2
where sc1.sno=sc2.sno and sc1.cno='0001' and sc2.cno='0002';
```

或者

```
select sc1.sno from score as sc1 inner join score as sc2
on sc1.sno=sc2.sno and sc1.cno='0001' and sc2.cno='0002';
```

执行结果如图 10-40 所示。

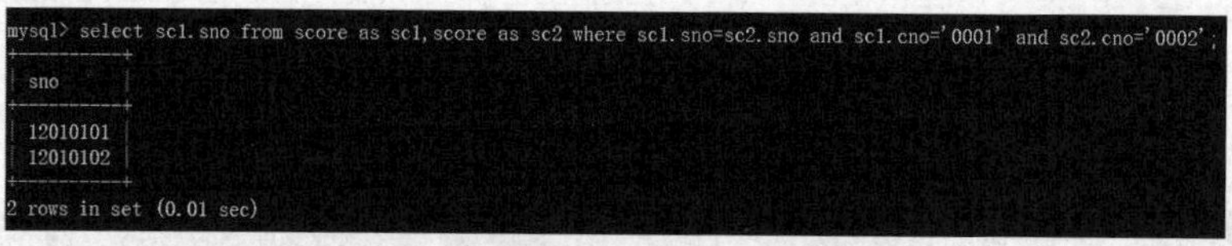

图 10-40 例 10-47 查询结果

【例 10-48】 查询至少选修两门课的学生的学号。
SQL 语句如下:

```
select distinct sc1.sno from score as sc1,score as sc2
where sc1.sno=sc2.sno and sc1.cno<>sc2.cno;
```

或者

```
select distinct sc1.sno from score as sc1 inner join score as sc2
on sc1.sno=sc2.sno and sc1.cno<>sc2.cno;
```

执行结果如图 10-41 所示。

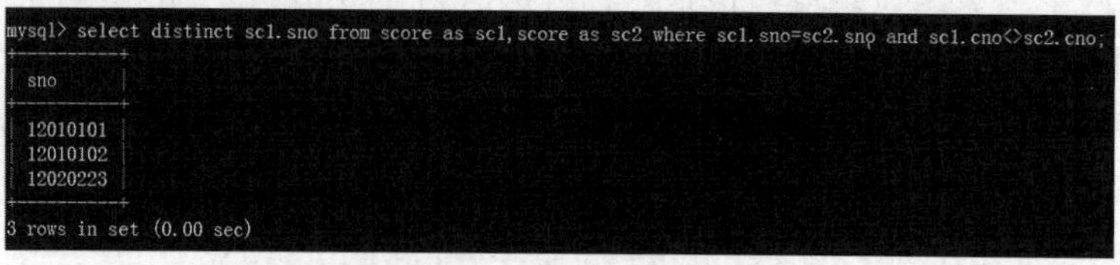

图 10-41 例 10-48 查询结果

10.5.4　外连接查询

外连接通常用于相连接的表中至少有一个表需要显示所有数据行的情况，外连接又分为左外连接、右外连接2种。外连接的结果集中不但包含满足连接条件的记录，还包含相应表中不满足连接条件的记录。

10.5.4 外连接

1. 左外连接查询

左外连接的结果集包括了左表的所有记录，而不仅仅是满足连接条件的记录，即将位于 left join 关键字左侧表的所有行都输出。如果左表的某条记录在右表中没有匹配行，则该记录在结果集中属于右表的相应列值均为 NULL。

语句格式如下：

```
select <列表字段> from <表名1> left [outer] join <表名2>
on <表名1.列名=表名2.列名>;
```

下面通过实例将左外连接查询与内连接进行比较。

【**例 10-49**】　查询所有学生的学号、姓名、成绩。

（1）使用内连接，只显示有选课记录的学生。

SQL 语句如下：

```
select student.sno,sname,score from student inner join score on student.sno=
score.sno;
```

执行结果如图 10-42 所示。

```
mysql> select student.sno,sname,score from student inner join score on student.sno=score.sno;
+----------+--------+-------+
| sno      | sname  | score |
+----------+--------+-------+
| 12010101 | 张涛   |    89 |
| 12010101 | 张涛   |    92 |
| 12010102 | 李浩新 |    78 |
| 12010102 | 李浩新 |    67 |
| 12010102 | 李浩新 |    90 |
| 12020223 | 张杰   |    56 |
| 12020223 | 张杰   |    68 |
| 12020223 | 张杰   |    72 |
+----------+--------+-------+
8 rows in set (0.00 sec)
```

图 10-42　例 10-49 使用内连接查询结果

（2）使用左外连接显示所有学生，若没有选课，也将其显示出来。
SQL 语句如下：

```
select student.sno,sname,score from student left join score on student.sno=
score.sno;
```

执行结果如图 10-43 所示。

从查询结果可以看出，使用左外连接查询时，首先显示左表 student 中的所有数据，

图 10-43　例 10-49 使用左外连接查询结果

再到右表 score 中查询符合条件的数据,如果不符合条件则显示 NULL。

2. 右外连接查询

右外连接的结果集包括了右表的所有记录,而不仅是满足连接条件的记录,即将位于 right join 关键字右侧表的所有行都输出。如果右表的某条记录在左表中没有匹配行,则该记录在结果集中属于左表的相应列值均为 NULL。

语句格式如下:

```
select <列表字段> from <表名 1> right [outer] join <表名 2>
on <表名 1.列名=表名 2.列名>;
```

下面通过实例将右外连接查询与内连接进行比较。

【例 10-50】　查询所有课程号、课程名及成绩信息。

(1) 使用内连接,只显示有学生记录的课程。

```
select course.cno,cname,score from score inner join course on score.cno=
course.cno;
```

执行结果如图 10-44 所示。

图 10-44　例 10-50 使用内连接查询结果

(2) 使用右外连接显示所有课程，若没有学生选课，也将其显示出来。

```
select course.cno,cname, score from score right join course on score.cno=
course.cno;
```

执行结果如图 10-45 所示。

```
mysql> select course.cno,cname,score from score right join course on score.cno=course.cno;
+------+--------------+-------+
| cno  | cname        | score |
+------+--------------+-------+
| 0001 | 数据库技术   |    89 |
| 0002 | 计算机网络   |    92 |
| 0001 | 数据库技术   |    78 |
| 0002 | 计算机网络   |    67 |
| 0003 | 网页制作     |    90 |
| 0001 | 数据库技术   |    56 |
| 0003 | 网页制作     |    68 |
| 0004 | web前端技术  |    72 |
| 0005 | c语言程序设计 |  NULL |
+------+--------------+-------+
9 rows in set (0.00 sec)
```

图 10-45　例 10-50 使用右外连接查询结果

从查询结果可以看出，使用右外连接查询时，首先显示右表 course 中的所有数据，再到左表 score 中查询符合条件的数据，如果不符合显示 NULL。

10.6　子　查　询

子查询又称嵌套查询，是指在一个查询语句中又包含另一个查询的情况。被包含的查询称为子查询，包含子查询的语句称为主查询。子查询可以用在允许使用表达式或表的任何地方，如 select、from、where、having 子句中，以及 insert、delete、update 等语句中。

10.6.1　单值子查询

单值子查询是指查询的结果只返回一个值，然后将某一列值与这个返回的值进行比较。在 where、having 子句中可以直接使用比较运算符来连接子查询。为了区分主查询和子查询，子查询应加小括号。

10.6.1 单值子查询

语句格式如下：

```
select <字段列表> from <表名> where <列名或表达式>比较运算符(子查询);
```

一般来说，有些子查询可以转换为连接查询，并且连接查询的效率高于子查询，所以应尽可能地使用连接查询。

【例 10-51】　查询选修“数据库技术”课程的学生的学号、成绩。

SQL 语句如下：

```
select sno,score from score
where cno=(select cno from course where cname='数据库技术');
```

等价于：

```
select sno,score from score,course
where score.cno=course.cno and cname='数据库技术';
```

或者

```
select sno,score from score inner join course on score.cno=course.cno
where cname='数据库技术';
```

执行结果如图 10-46 所示。

```
mysql> select sno,score from score where cno=(select cno from course where cname='数据库技术');
+----------+-------+
| sno      | score |
+----------+-------+
| 12010101 |    89 |
| 12010102 |    78 |
| 12020223 |    56 |
+----------+-------+
3 rows in set (0.00 sec)
```

图 10-46　例 10-51 查询结果

【例 10-52】　查询与"张涛"同班的学生的学号、姓名。
SQL 语句如下：

```
select sno,sname from student
where class=(select class from student where sname='张涛');
```

执行结果如图 10-47 所示。

```
mysql> select sno,sname from student where class=(select class from student where sname='张涛');
+----------+--------+
| sno      | sname  |
+----------+--------+
| 12010101 | 张涛   |
| 12010102 | 李浩新 |
| 12010123 | 李爽   |
+----------+--------+
3 rows in set (0.00 sec)
```

图 10-47　例 10-52 查询结果

10.6.2　多值子查询

子查询用在主查询的 where 或 having 子句中,当子查询的查询结果为
单列多值时,必须使用逻辑运算符 any(某个值)、some(某些值)、all(所有
值)连接子查询。

10.6.2 多值子
查询

语句格式如下：

```
select <字段列表> from <表名>
where <列名或表达式> 比较运算符 [ any | some | all ](子查询);
```

说明　使用 any 或者 some 关键字时,只要满足子查询语句返回的结果中的任意一

个值，就可以通过该条件来执行主查询语句；而使用 all 关键字时则需要满足子查询语句返回的所有值，才可以执行主查询语句。

【例 10-53】 使用 any 逻辑运算符查询选修课程号为 0001 的学生姓名。

SQL 语句如下：

```
select sname from student
where sno=any (select sno from score where cno='0001');
```

执行结果如图 10-48 所示。

```
mysql> select sname from student where sno=any (select sno from score where cno='0001');
+------------+
| sname      |
+------------+
| 张涛       |
| 李浩新     |
| 张杰       |
+------------+
3 rows in set (0.00 sec)
```

图 10-48　例 10-53 查询结果

【例 10-54】 使用 all 逻辑运算符查询其他班级中比"软件 2021"班所有学生年龄都大的学生姓名、年龄和所在班级。

SQL 语句如下：

```
select sname, year(from_days(datediff(now(), birthday))) as age, class
from student
where year(from_days(datediff(now(),birthday)))>
all (select year(from_days(datediff(now(),birthday))) from student  where
class='软件 2021');
```

执行结果如图 10-49 所示。

```
mysql> select sname, year(from_days(datediff(now(),birthday))) as age,class from student
    -> where year(from_days(datediff(now(),birthday)))>
    -> all (select year(from_days(datediff(now(),birthday))) from student  where class='软件2021');
+--------+------+------------+
| sname  | age  | class      |
+--------+------+------------+
| 张杰   |   20 | 软件2022   |
+--------+------+------------+
1 row in set (0.00 sec)
```

图 10-49　例 10-54 查询结果

10.6.3　IN 子查询

in(包含于)或 not in(不包含于)子查询的结果是包含零个值或多个值的列表。

10.6.3 子查询 IN

语句格式如下：

```
select <字段列表> from <表名>
where <列名或表达式> [not] in(子查询);
```

注意：in 与＝any 或＝some 等价，not in 与<>等价但与<>any 或<>some 不等价。

【例 10-55】 查询选修“数据库技术”或“计算机网络”课程的学生学号、课程号和成绩。

SQL 语句如下：

```
select sno,cno,score from score
where cno in (select cno from course where cname='数据库技术' or cname='计算机网络');
```

执行结果如图 10-50 所示。

```
mysql> select sno,cno,score from score where cno in (select cno from course where cname='数据库技术' or cname='计算机网络');
+----------+------+-------+
| sno      | cno  | score |
+----------+------+-------+
| 12010101 | 0001 |    89 |
| 12010101 | 0002 |    92 |
| 12010102 | 0001 |    78 |
| 12010102 | 0002 |    67 |
| 12020223 | 0001 |    56 |
+----------+------+-------+
5 rows in set (0.00 sec)
```

图 10-50　例 10-55 查询结果

【例 10-56】 查询未选修编号为 0001 课程的学生学号、姓名。

SQL 语句如下：

```
select sno,sname from student where sno not in (select sno from score where cno='0001');
```

执行结果如图 10-51 所示。

```
mysql> select sno,sname from student where sno not in (select sno from score where cno='0001');
+----------+--------+
| sno      | sname  |
+----------+--------+
| 12010123 | 李爽   |
| 12020107 | 孙志强 |
| 12020121 | 陈丽英 |
+----------+--------+
3 rows in set (0.00 sec)
```

图 10-51　例 10-56 查询结果

10.6.4　EXISTS 子查询

10.6.4 子查询 EXISTS

EXISTS 子查询的作用相当于进行存在测试。主查询的 where 子句测试子查询返回的行是否存在，而子查询实际上不产生任何数据，它只返回 true 或 false。如果子查询语句查询到满足条件的记录，就返回一个 true，否则只返回 false，当返回值为 true 时，主查询则进行查询；如果返回的值为 false 时，主查询则不进行查询或查询出任何记录。

语句格式如下：

```
select <字段列表> from <表名> where [not] exists(子查询);
```

说明

- exists 关键字前没有列名、常量或其他表达式。
- 由 exists 关键字引入的子查询的字段列表，通常为星号（*）。由于只是测试是否存在符合子查询中指定条件的行，因此不必列出列名。

【例 10-57】 查询 course 表中是否有名称为"数据库技术"的课程，如果存在该门课程，则查询 score 表中分数大于 80 的记录。

SQL 语句如下：

```
select * from score where score > 80 and exists (select * from course where cname='数据库技术');
```

执行结果如图 10-52 所示。

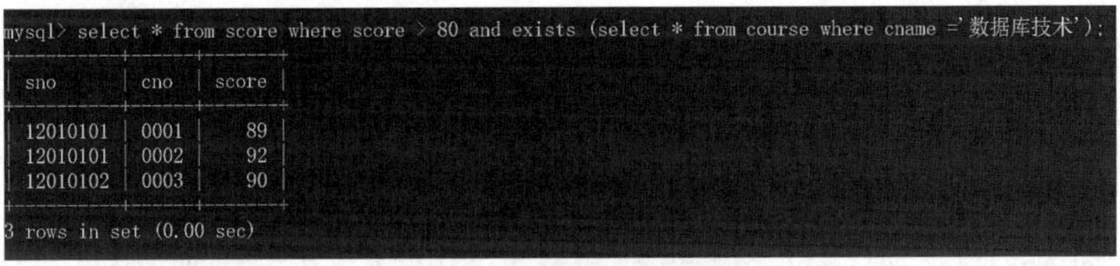

```
mysql> select * from score where score > 80 and exists (select * from course where cname ='数据库技术');
+----------+------+-------+
| sno      | cno  | score |
+----------+------+-------+
| 12010101 | 0001 |    89 |
| 12010101 | 0002 |    92 |
| 12010102 | 0003 |    90 |
+----------+------+-------+
3 rows in set (0.00 sec)
```

图 10-52　例 10-57 查询结果

当 exists 关键字与其他查询条件一起使用时，需要使用 and 或者 or 来连接表达式与 exists 关键字。

【例 10-58】 查询没有选修任何课程的学生的学号、姓名。

SQL 语句如下：

```
select sno,sname from student where not exists(select * from score where score.sno=student.sno);
```

或者

```
select sno,sname from student where sno not in(select sno from score);
```

执行结果如图 10-53 所示。

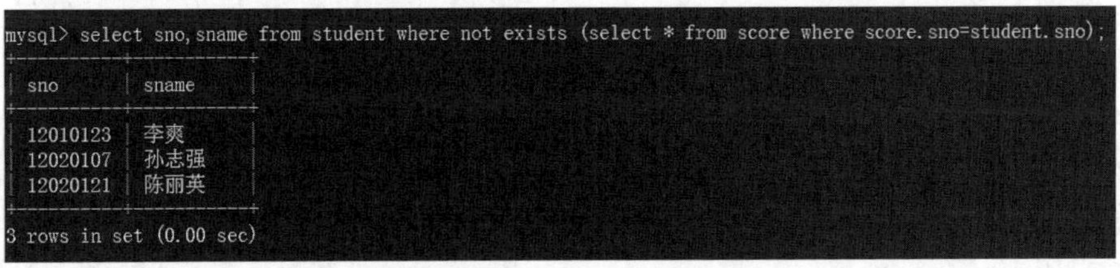

```
mysql> select sno,sname from student where not exists (select * from score where score.sno=student.sno);
+----------+--------+
| sno      | sname  |
+----------+--------+
| 12010123 | 李爽   |
| 12020107 | 孙志强 |
| 12020121 | 陈丽英 |
+----------+--------+
3 rows in set (0.00 sec)
```

图 10-53　例 10-58 查询结果

10.7　合并查询结果

所谓合并查询结果就是把多个 select 语句的查询结果合并到一起。在某些查询情况下,需要将几个 select 语句查询出来的结果合并起来显示,而利用 union 和 union all 关键字,可以给出多条 select 语句,并将它们的结果组合成一个结果集。

10.7 合并查询结果

10.7.1　使用 UNION 合并结果

union 关键字是将所有的查询结果合并到一起,然后除去相同的记录。

语句格式如下:

```
select 语句 1 union select 语句 2;
```

说明

- 使用 union 合并时,两个表对应的列数必须相同,对应的数据类型也必须兼容。
- 系统将自动去掉合并后的结果集中重复的行。
- 最终结果集中的列名来自第一个 select 语句。
- 联合查询合并的结果集通常是同样的基表数据在不同查询条件下的查询结果。

【例 10-59】　查询表 student 与表 student_bak 中所有学生信息(假设表 student_bak 已存在,且结构与表 student 相同)。

SQL 语句如下:

```
select * from student union select * from student_bak;
```

执行结果如图 10-54 所示。

```
mysql> select * from student union select * from student_bak;
+----------+----------+--------+------+------------+----------------+-------------+-------------+
| sno      | class    | sname  | sex  | birthday   | address        | telephone   | email       |
+----------+----------+--------+------+------------+----------------+-------------+-------------+
| 12010101 | 网络2021 | 张涛   | 男   | 2001-02-03 | 河北省保定市   | 13565412300 | zt@126.com  |
| 12010102 | 网络2021 | 李浩新 | 男   | 2001-04-03 | 河北省廊坊市   | 13609289950 | lhx@126.com |
| 12010123 | 网络2021 | 李爽   | 女   | 2001-04-21 | 河北省承德市   | 13403145890 | kkz@126.com |
| 12020107 | 软件2021 | 孙志强 | 男   | 2002-06-01 | 河北省廊坊市   | 15803229033 | szhi@126.com|
| 12020121 | 软件2021 | 陈丽英 | 女   | 2001-04-10 | 河北省保定市   | 13802118392 | c221@126.com|
| 12020223 | 软件2022 | 张杰   | 女   | 2000-05-12 | 河北省石家庄市 | 13903112321 | zhji@126.com|
+----------+----------+--------+------+------------+----------------+-------------+-------------+
6 rows in set (0.06 sec)
```

图 10-54　例 10-59 查询结果

因为表 student 与表 student_bak 的记录相同,所以合并结果集中的重复行后的记录就与表 student 的记录内容相同。

【例 10-60】　查询 student 表中"网络 2021"班的学生姓名或表中所有男生的姓名。

SQL 语句如下:

```
select sname from student where class = '网络 2021' union select sname from
student where sex= '男';
```

执行结果如图 10-55 所示。

```
mysql> select sname from student where class = '网络2001' union select sname from student where sex= '男';
+--------+
| sname  |
+--------+
| 张涛   |
| 李浩新 |
| 李爽   |
| 孙志强 |
+--------+
4 rows in set (0.00 sec)
```

图 10-55　例 10-60 查询结果

10.7.2　使用 UNION ALL 合并结果

使用 union all 关键字可将结果简单地合并到一起，既不会删除重复行也不对结果进行自动排序。

语句格式如下：

select 语句 1 union all select 语句 2;

【例 10-61】　查询表 student 与表 student_bak 中所有学生信息。

SQL 语句如下：

select * from student union all select * from student_bak;

执行结果如图 10-56 所示。

```
mysql> select * from student union all select * from student_bak;
+----------+----------+--------+-----+------------+---------------+-------------+--------------+
| sno      | class    | sname  | sex | birthday   | address       | telephone   | email        |
+----------+----------+--------+-----+------------+---------------+-------------+--------------+
| 12010101 | 网络2021 | 张涛   | 男  | 2001-02-03 | 河北省保定市  | 13565412300 | zt@126.com   |
| 12010102 | 网络2021 | 李浩新 | 男  | 2001-04-03 | 河北省廊坊市  | 13609289950 | lhx@126.com  |
| 12010123 | 网络2021 | 李爽   | 女  | 2001-04-21 | 河北省承德市  | 13403145890 | kkz@126.com  |
| 12020107 | 软件2021 | 孙志强 | 男  | 2002-06-01 | 河北省廊坊市  | 15803229033 | szhi@126.com |
| 12020121 | 软件2021 | 陈丽英 | 女  | 2001-04-10 | 河北省保定市  | 13802118392 | c221@126.com |
| 12020223 | 软件2022 | 张杰   | 女  | 2000-05-12 | 河北省石家庄市| 13903112321 | zhji@126.com |
| 12010101 | 网络2021 | 张涛   | 男  | 2001-02-03 | 河北省保定市  | 13565412300 | zt@126.com   |
| 12010102 | 网络2021 | 李浩新 | 男  | 2001-04-03 | 河北省廊坊市  | 13609289950 | lhx@126.com  |
| 12010123 | 网络2021 | 李爽   | 女  | 2001-04-21 | 河北省承德市  | 13403145890 | kkz@126.com  |
| 12020107 | 软件2021 | 孙志强 | 男  | 2002-06-01 | 河北省廊坊市  | 15803229033 | szhi@126.com |
| 12020121 | 软件2021 | 陈丽英 | 女  | 2001-04-10 | 河北省保定市  | 13802118392 | c221@126.com |
| 12020223 | 软件2022 | 张杰   | 女  | 2000-05-12 | 河北省石家庄市| 13903112321 | zhji@126.com |
+----------+----------+--------+-----+------------+---------------+-------------+--------------+
12 rows in set (0.00 sec)
```

图 10-56　例 10-61 查询结果

通过图 10-54 与图 10-56 对比可以看出，使用 union all 关键字合并后的查询结果并没有删除重复的行，也没有对查询结果进行排序。

单元训练

操作题

1. 查询 student 表中全体学生的详细信息。

2. 查询学生信息表中的学号、姓名和年龄，并对年龄列起别名。

3. 查询成绩表中前三列的信息。

4. 查询考试成绩中不及格的学生的学号。

5. 查询年龄在 17～20 岁的学生姓名、班级。

6. 查询姓"李"的学生的学号、姓名和性别。

7. 查询名字中第二个字为"志"的男学生的姓名和班级。

8. 查询"网络 2021"班的学生的姓名、班级，结果按班名升序、姓名降序排列。

9. 查询选修课程 0002 的学生学号、课程号和成绩，并按成绩降序排列。

10. 查询网络专业学生总人数。

11. 查询选修了课程 0001 的学生人数、平均成绩、最高成绩。

12. 查询各个课程编号及相应的选课人数。

13. 查询选修了两门以上的课程的学生学号和平均成绩。

14. 查询学生表中的男、女生人数。

15. 查询所有选课学生的学号、姓名、课程名称及成绩。

16. 查询每门课程的课程编号、课程名称及选课人数。

17. 检索选修了"数据库技术"及"计算机网络"的学生的学号、姓名、课程名称和成绩。

18. 查询所有同时选修了课程 0001 和 0002 的学生的学号、姓名。

19. 查询与"李浩新"同班的学生的学号、姓名。

20. 使用 any 关键字查询选修课程 0001 的学生姓名。

21. 使用 in 关键字查询选修"数据库技术"及"计算机网络"的学生的学号、课程号和成绩。

22. 使用 all 关键字查询其他班级中比"软件 2021"班所有学生年龄都大的学生姓名和年龄。

23. 使用 exists 关键字查询没有选修课程 0001 的学生姓名、所在班级。

24. 查询选修了"王丽"老师所授课程的女学生姓名。

25. 查询成绩大于 60 的学生所选课程名称、学号、姓名和成绩，并按课程编号升序和成绩降序排列。

26. 查询同时选修了课程 0001 和课程 0002 的学生总人数。

27. 检索"张杰"同学选修的课程编号。

28. 查询未选修课程编号为 0003 课程的学生的学号。

29. 查询"网页制作"课程成绩高于 80 分的所有学生的学号、姓名、班级和分数。

30. 使用 union 关键字查询 student 表中所有女生姓名以及家庭住址中包括"廊坊市"的学生姓名。

单元十自测题

◆ 项目四 ◆

MySQL 进阶

快马加鞭，一日千里——索引

导学

数据库经常被用于很多大型应用场景中，比如搜索引擎、大型购物网站、银行、电信等领域。这些应用的共性是数据存储量非常大，而对查询速度的要求又比较高，比如在百度搜索引擎中输入关键字"十九大"后，网页提示结果有 6300 多万条，但是结果在极短时间内就查询了出来，要想实现这样的快速查询需要采用多种技术手段，索引便是其中不可缺少的技术之一。在本单元中将学习 MySQL 中索引的概念、索引的作用、数据的访问方式、索引的分类，以及创建和管理索引的方法。

预习本单元内容，思考以下问题。

【问题】 使用 MySQL 如何在学生选课系统数据库中创建索引，以加快对学生表 student 按姓名查询的速度？

本单元的学习任务

了解 MySQL 中索引的相关知识，掌握索引的操作方法。

（1）了解索引的概念和作用；

（2）掌握索引的分类方法；

（3）熟练掌握常见索引的创建方法；

（4）熟练掌握索引的查看和删除方法。

11.1 索 引 概 述

11.1.1 索引的概念

索引（Index）是帮助 MySQL 高效获取数据的数据结构，是重要的数据库对象，在 MySQL 中也称作键（Key）。索引可以基于一列也可以基于多列，基于多列建立的索引称为组合索引。索引中存储的是表中的一列或多列列值和行（记录）所在位置的对应关系。

11.1.1 索引概念作用

索引是按列值进行排序的有序表,而有序表的最大优点是可以使用很多快速查找方法,快速定位要查找的键值在索引中的位置,然后根据在索引中存储的记录位置直接定位记录在表中的位置,从而实现快速检索。

11.1.2　数据访问方式

在 MySQL 中,一般有以下两种方式访问数据表中的数据。

1. 顺序访问

所谓顺序访问是指 MySQL 从第一行开始逐行扫描比对数据,直到找到要查找的记录,如扫描到最后一行仍然没找到,则返回空结果集。这种访问方式其优点是简单,适合无序表,缺点是效率低,对于小型表来说可能无关紧要,但是对于存储了几万、几十万甚至上千万行数据的表来说查询速度就太慢了。

例如,某校学生信息表中存储了 5 万条学生记录,从第一行开始查找某学生的信息,比对一条若需要 0.01 秒,而恰巧要查找的学生位于表尾,则找到该学生信息大概需要8 分钟,对于这样一种十分常见的查询操作而言,这显然是不可接受的。

2. 索引访问

对于索引访问方式不需要从第一条开始逐条比对,而是先在有序的索引表上快速定位索引项,根据索引项中的指针映射直接在数据表中定位该记录位置。对于大型的数据表,这种数据访问方式的速度优势是十分明显的。

索引访问的速度提升主要是由于对索引扫描的速度远高于对数据表数据的直接扫描速度,原因有两个:第一,索引表是有序的,可以使用高级快速查找算法,时间复杂度会呈数量级级别的降低;第二,索引表不需要存储无关的列值,只专注于索引所在列的列值和行的位置信息,所以相对于原始数据表,轻量很多,进一步提高了查询速度。

11.1.3　索引分类

1. 索引的物理分类

索引的类型和存储引擎有关,开源的 MySQL 数据库支持多种存储引擎,比如 InnoDB、MyISAM、MEMORY、HEAP 等。索引是在 MySQL 的存储引擎层中实现的,而不是在服务器层。根据存储方式的不同,MySQL 中常用的索引在物理上分为 B+树索引和哈希索引两类。

11.1.3 索引
分类

1) B+树索引

B+树索也常被称为 B 树索引,是 MySQL 默认存储引擎 InnoDB 的默认索引类型。B 树索引的存储结构类似于二叉查找树,但是又有所区别,具体结构可以参考本单元后面的知识拓展内容。

B 树索引可以实现常见的索引操作类型,可以进行全键值查询、键值范围查询和键值前缀查询,也可以对查询结果进行 order by 语句排序。全键值查询指可以在查询中使用索引所关联的全部字段值进行查询；而键值范围查询则指可以在查找条件中限定某个查找区间，而不是确定的一个或多个值，键值前缀查询是指在查询中可以从左向右引用索引关联的一列或多列。

索引在正常对表的操作中对用户是透明的，用户不用也不能显式去调用索引，索引所体现出来的作用仅仅是体现在数据表操作效率的提升。

并不是查询中使用了索引中的列就会带来查询效率提高，而是必须要遵循一个原则——左边前缀原则。这个原则涉及以下几点要求：

（1）查询必须从索引的最左边的列开始；

（2）查询必须按照从左到右的顺序进行匹配，中间不能跳过列；

（3）查询不能使用索引中范围条件右边的列。

如果违背了左边前缀原则，虽然查询依然可以正常进行，但是索引会不起作用，相当于没有创建索引。

2）哈希索引

哈希（Hash）也称"散列"，把任意长度的输入，又称预映射（pre-image），通过散列算法变换成固定长度的输出，该输出就是散列值（哈希值）。

哈希索引也称为散列索引或 HASH 索引。在 MySQL 中目前仅有 MEMORY 存储引擎和 HEAP 存储引擎支持哈希索引，其中，MEMORY 存储引擎可以支持 B 树索引和 HASH 索引，但将哈希索引作为默认索引。

哈希索引根据索引列对应的哈希值的方法获取表的数据行的位置，最大的特点是访问速度快，但也存在下面一些缺点。

（1）创建索引更耗时。在建立哈希索引时，表中的每一行中的关联字段值都需要根据散列算法进行散列计算，因此它比 B 树索引的建立更耗时。

（2）不能使用 HASH 索引进行排序。因为哈希散列的顺序并不是按字段值进行排序的。

（3）哈希索引只支持等值比较，如＝、in()、＜＝＞等，不支持范围比较。

（4）哈希索引不支持键的部分匹配。只使用索引关联的部分字段，哪怕像 B 树索引那样使用左侧的列，索引也不会起作用。

2. 索引的逻辑分类

根据索引的不同用途，MySQL 中的索引在逻辑上分为 6 类。

1）普通索引

普通索引是最基本的索引类型，其作用是提高数据访问速度，在创建普通索引时，通常使用关键字 index 或 key。由于在其他数据库中通常只支持 index 关键字，为了保持这种一致性，建议语句中使用 index。

2）唯一性索引

和普通索引不同的是唯一性索引可以维持列值的唯一性。唯一性索引只限制唯一性不限制非空性。也就是列值可以取 NULL。MySQL 的 InnoDB 存储引擎允许唯一性索引列出现多个 NULL 值。唯一性索引通过在 index 关键字前加 unique 关键字限定进行创建。

3）空间索引

空间索引主要用于地理空间数据类型 geometry、point、linestring、polygon 等。geometry 能保存任意几何类型值，另外 3 个类型只能保存特定几何类型值。

4）单列索引

创建在一个列上的索引称为单列索引。一个表最多可以有 16 个单列索引。

5）多列索引

创建在多个列上的索引称为多列索引。MySQL 的多列索引可以创建在最多 15 个列上。对于文本类型列(char 和 varchar)，可以使用列前缀进行索引。

6）全文索引

全文索引是一种特殊类型的索引，它对全文中的词进行查找，而不仅仅是少量的索引值，它的工作原理就像搜索引擎一样。全文索引只能在 varchar 或 text 类型的列上创建，并且只有 MyISAM 存储引擎支持。实际应用中一般不会使用 MySQL 的全文索引，因为有更专业的工具，比如 Elasticsearch 等。

11.1.4　索引使用原则和注意事项

索引可以提高数据表查询效率，但是如果创建过多的索引或者创建不当的索引，可能会不起作用甚至适得其反。

11.1.4 索引使用原则

1. 使用索引的注意事项

(1) 创建索引和维护索引都需要额外的系统开销，会给数据库带来额外的处理负担，导致系统运行速度减慢。因为索引是有序的，这意味着在创建索引时，索引需要进行排序操作，而对数据表进行增、删、改操作时，索引也需要进行重新排序。

(2) 索引作为一个固定的数据库对象，需要占据一定的物理存储空间，而且索引建立的越多，需要的额外存储空间越大。

(3) 索引并不是在所有情况下都会提高操作速度，即便一个不存在任何问题的索引，也会在特定情况下降低系统操作速度。

2. 索引的使用原则

综合考虑索引的不利因素和优势，建立索引需要遵循以下原则。

(1) 只在经常需要查找的列上建立索引。比如需要对学生表经常进行按姓名查询(姓名位于 where 子句中)，这时候就需要在姓名字段上建立索引。

(2) 需要在主键上建立索引，强制该列的唯一性和非空性。主键索引还有一个额外的用途就是可以对表中数据进行物理排序，这是其他任何索引都不具备的特点。如果表中存在大量的数据，建立主键索引可能速度会比较慢。

(3) 在表的外键字段上建立索引，可以加快表连接的速度。

(4) 在经常需要按范围进行搜索的列上创建索引，对于有序的列指定范围的话，会是一段连续的记录。

（5）对经常需要排序的列建议创建索引，这样会提高排序速度。

在以下情况下不适合建立索引。

（1）不经常进行查找的字段不适合建立索引。因为增加的系统维护开销，抵消了这种索引带来的正面效果。

（2）值域过小的字段不适合建立索引。比如性别，只有两个值，这种字段即使建立索引也对数据访问速度的提高没有太多帮助，反而增加了系统维护开销，得不偿失。

（3）大数据字段类型 text、image 数据列不应该创建索引。

（4）当对修改性能的要求远大于检索性能时，不应该创建索引。

在实际应用中，应该仔细衡量创建每个索引所带来的系统开销和增加的访问速度这一矛盾点。如果相对于增加的少量系统开销，可以大幅提高数据访问速度，那么就应该创建这个索引；相反，如果增加了系统开销，却没有带来太多的访问速度提升，就不应该创建这个索引。

11.2　创 建 索 引

11.2.1　使用 CREATE INDEX 语句创建索引

使用 create index 语句可以创建除了主键索引外的其他几种常见索引。语句格式如下：

11.2 创建索引

```
create [unique | fulltext | spatial] index <索引名>
    [using <索引类型>]
    on <表名> (<列名1> | [(长度)][asc | desc],...);
```

参数说明

- [unique | fulltext | spatial]：可选项。在创建索引时，可以使用三个参数之一；其中 unique 表示创建唯一索引，fulltext 表示创建全文索引，spatial 表示创建空间索引。
- 索引名：指定索引的名字。可以是任何保留字外的合法标识符，同一个表中的索引名必须唯一。
- 索引类型：可选项。不同存储引擎支持的索引类型见表 11-1，默认是表中每行第一个类型。

表 11-1　不同存储引擎支持的索引类型

存储引擎	支持的索引类型
MyISAM	B 树索引
InnoDB	B 树索引
MEMORY/HEAP	哈希索引，B 树索引

- 表名：指定要创建索引的表名。索引一经创建成为一个数据库对象，但是也是表的一部分，隶属于某个表。

- 索引列：指定要创建索引的列名。列名的选择原则可以参照上一小节索引使用原则部分。
- [长度]：可选项。指定使用列的前"＜长度＞"个字符来创建索引。使用列的一部分字符创建索引有利于减小索引表的大小，提高查询效率。MyISAM 存储引擎和 InnoDB 存储引擎的索引列字段长度上限为 1000 个字节。
- [asc|desc]：可选项。asc 指定索引按照升序来排列，desc 指定索引按照降序来排列，默认为 asc。

【例 11-1】　在学生表（student）上创建普通索引 idx_s1，用于加速按姓名字段（sname）进行检索的速度。

SQL 语句如下：

```
create index idx_s1 on student(sname);
```

执行结果如图 11-1 所示。

```
mysql> create index idx_s1 on student(sname);
Query OK, 0 rows affected (0.05 sec)
Records: 0  Duplicates: 0  Warnings: 0
```

图 11-1　例 11-1 执行结果

【例 11-2】　创建多列索引。在学生表 student 上创建唯一索引 idx_s2，用于加速同时按姓名（sname）和生日（birthday）进行检索的速度。索引中姓名字段只使用前 3 个字符并按升序排列，生日则按降序排列。

SQL 语句如下：

```
create unique index idx_s2 on student(sname(3),birthday desc);
```

11.2.2　使用 CREATE TABLE 语句创建索引

索引也可以在建表时创建，即可使用 create table 语句创建。建表时创建索引的语句格式如下：

语句格式如下：

```
create table [if not exists] <表名>(
    <列定义 1>,
    <列定义 2>,
    ...
    [unique | fulltext | spatial] index <索引名> (<列名 1>,...)
)
```

参数说明

- 列定义：一般形式是"列名 数据类型 约束定义"。
- unique：表示创建唯一索引。
- fulltext：表示创建全文索引。

• spatial：表示创建空间索引。

1. 创建普通索引

在创建普通索引时使用 index 关键字。

【例 11-3】 在学生选课数据库 student 中创建自定义学生表 s1，包含的字段有学号 sno char(10)，姓名 sname char(20)，性别 sex char(2)，并在姓名字段上创建普通索引。

SQL 语句如下：

```
create table if not exists s1(
    sno char(10),
    sname char(20),
    sex char(2),
    index idx_sname(sname)
);
```

执行结果如图 11-2 所示。

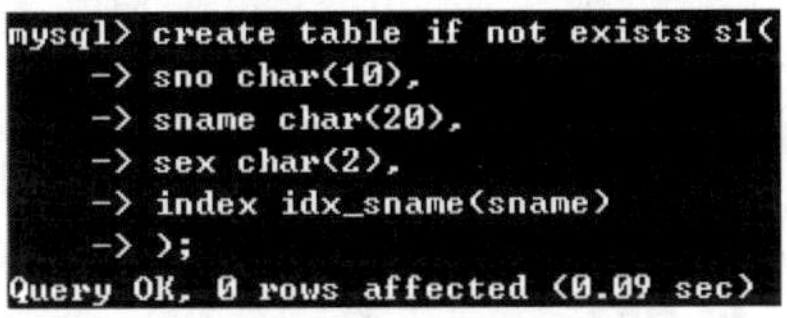

```
mysql> create table if not exists s1(
    -> sno char(10),
    -> sname char(20),
    -> sex char(2),
    -> index idx_sname(sname)
    -> );
Query OK, 0 rows affected (0.09 sec)
```

图 11-2　例 11-3 执行结果

2. 创建唯一索引

创建唯一性索引使用 unique 关键字。

【例 11-4】 创建自定义课程表 c1，包含的字段有课程号 cno char(4)，课程名 cname char(20)，任课教师 tname char(4)，并在课程号上创建主键索引，课程名上创建唯一性索引。

SQL 语句如下：

```
create table if not exists c1(
    cno char(4),
    cname char(20),
    tname char(4),
    primary key(cno),
    unique index idx_cname(cname)
);
```

3. 创建全文索引

在创建全文索引时使用 fulltext 关键字。

【例 11-5】 创建自定义课程表 c1，包含的字段有课程号 cno char(4)，课程名 cname

char(20)，任课教师 tname char(4)，并在课程号上创建主键索引，在课程名上创建唯一性索引。

SQL 语句如下：

```
create table if not exists s1(
    sno char(10),
    sname char(20),
    sex char(2),
    birthday date,
    hobby varchar(100),
    fulltext index idx_hobby(hobby)
) engine=MyISAM;
```

说明　只有 MyISAM 存储引擎支持全文索引，默认的 InnoDB 引擎不支持，所以如果在建表时需要创建全文索引时，需要指定存储引擎。

4. 创建单列索引

【例 11-6】　创建学生表 s1，并在学号字段上创建单列索引。

```
create table if not exists s1(
    sno char(10),
    sname char(20),
    sex char(2),
    index(sno)
);
```

5. 创建多列索引

【例 11-7】　创建学生选课表 sc1，并在学号和课程号字段上创建多列索引。

```
create table if not exists sc1(
    sno char(10),
    cno char(4),
    score smallint,
    index idx_snocno(sno,cno)
);
```

6. 创建空间索引

在创建空间索引时使用 spatial 关键字。

【例 11-8】　创建物资管理表 goods，并在 g_pos 列上创建空间索引。

```
create table if not exists goods(
    g_id int,
    g_name char(20),
```

```
        g_pos geometry not null,
        spatial index idx_g_pos(g_pos)
) engine=MyISAM;
```

说明　空间索引不能创建在普通数据类型上，支持空间索引的数据类型有 geometry、point、linestring、polygon 等。空间索引只能创建在非空字段上，所以 g_pos 字段需要用到 not null 语句。

11.2.3　使用 ALTER TABLE 语句创建索引

使用 create table 语句可以在创建表时同步创建索引，而对于表已经存在的情况只能使用 create index 语句或 alter table 语句创建索引。create index 语句已经介绍过，下面介绍 alter table 语句创建索引的方法。

语句格式如下：

```
alter table <表名>
add [unique | fulltext | spatial] index [<索引名>](<列名>,...);
```

创建学生表 stu，SQL 语句如下：

```
create table stu if not exists(
        sno char(10) not null,
        sname char(20),
        sex char(2),
        class char(20),
        birthday date,
        phone char(11),
        native geometry not null,
        hobby varchar(50)
) engine=MyISAM;
```

本小节示例均以此为基础。

1. 创建普通索引

【例 11-9】　对于 stu 表经常需要按姓名进行查找数据，所以需要在此字段上建立普通索引。

SQL 语句如下：

```
alter table stu
add index idx_sname(sname);
```

执行结果如图 11-3 所示。

```
mysql> alter table stu
    -> add index idx_sname(sname);
Query OK, 0 rows affected (0.06 sec)
Records: 0  Duplicates: 0  Warnings: 0
```

图 11-3　例 11-9 执行结果

2. 创建唯一索引

【例 11-10】 利用学号进行查询操作比较频繁,为加速查询,需在此字段上建立唯一索引。

SQL 语句如下:

```
alter table stu
add unique index idx_sno(sno);
```

3. 创建全文索引

【例 11-11】 为了在将来的应用系统中更好的统计每位同学的兴趣爱好,需要在 hobby 字段上建立全文索引。

SQL 语句如下:

```
alter table stu
add fulltext index idx_hobby(hobby);
```

4. 创建单列索引

【例 11-12】 在 phone 字段上建立单列索引。

```
alter table stu
add index idx_phone(phone);
```

5. 创建多列索引

【例 11-13】 为了加速基于班级和性别两个字段的查询速度,在 class 和 sex 字段上建立多列索引。

```
alter table stu
add index idx_classex(class,sex);
```

6. 创建空间索引

【例 11-14】 在 native 字段上建立空间索引。

```
alter table stu
add spatial index idx_native(native);
```

说明 支持空间索引的数据类型只有 geometry、point、linestring、polygon。如在其他普通字段上建立空间索引将引发错误,另外空间索引所在字段必须非空。

11.3　查看索引

查看索引可以使用 show index 语句。

语句格式如下：

```
show index from <表名> [from <数据库名>];
```

11.3 查看索引

参数说明

- 表名：要显示索引的表，由于索引总是依附于某一个表，因此查询索引必须指定表名。
- 数据库名：指定表所在的数据库，如果缺省表示使用当前数据库。

【例 11-15】　显示学生表 stu 中的索引信息。

SQL 语句如下：

```
show index from stu from student;
```

说明　stu 是表名，student 是表所在的数据库名。

执行结果如图 11-4 所示。

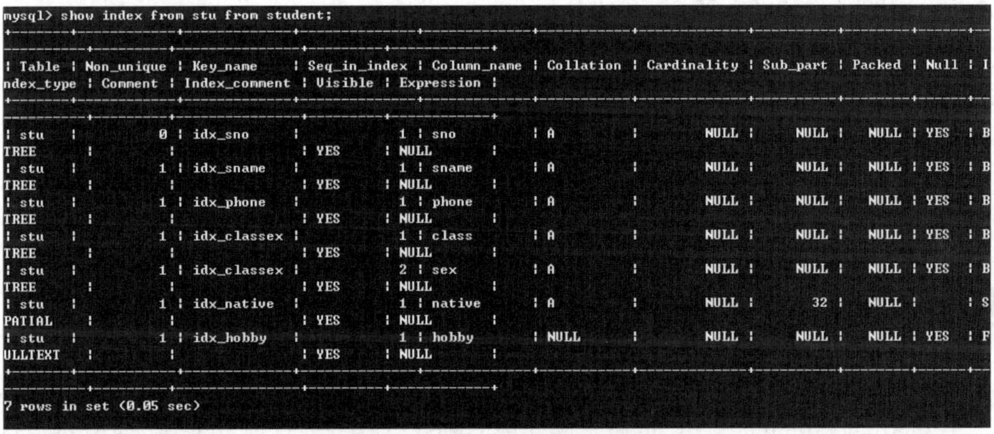

```
mysql> show index from stu from student;
| Table | Non_unique | Key_name     | Seq_in_index | Column_name | Collation | Cardinality | Sub_part | Packed | Null | I
ndex_type | Comment | Index_comment | Visible | Expression |
| stu |  0 | idx_sno     |  1 | sno    | A    | NULL | NULL | NULL | YES | B
TREE |  |  | YES | NULL |
| stu |  1 | idx_sname   |  1 | sname  | A    | NULL | NULL | NULL | YES | B
TREE |  |  | YES | NULL |
| stu |  1 | idx_phone   |  1 | phone  | A    | NULL | NULL | NULL | YES | B
TREE |  |  | YES | NULL |
| stu |  1 | idx_classex |  1 | class  | A    | NULL | NULL | NULL | YES | B
TREE |  |  | YES | NULL |
| stu |  1 | idx_classex |  2 | sex    | A    | NULL | NULL | NULL | YES | B
TREE |  |  | YES | NULL |
| stu |  1 | idx_native  |  1 | native | A    | NULL |   32 | NULL |     | S
PATIAL |  |  | YES | NULL |
| stu |  1 | idx_hobby   |  1 | hobby  | NULL | NULL | NULL | NULL | YES | F
ULLTEXT |  |  | YES | NULL |
7 rows in set (0.05 sec)
```

图 11-4　例 11-15 执行结果

show index 语句执行结果会返回一张表，该表的字段含义见表 11-2。

表 11-2　show index 运行结果表字段含义

字段名	含　义
Table	表名称
Non_unique	用于显示该索引是否是唯一索引，若不是唯一索引则显示 1，否则显示为 0
Key_name	索引的名称
Seq_in_index	索引中的列序列号，序号从 1 开始
Column_name	索引列名称
Collation	显示列以何种顺序存储在索引中。升序显示为 A，无分类显示为 NULL

续表

字段名	含　义
Cardinality	显示索引中唯一值数目的估计值,该值一般是不精确的。基数越大,当进行联合时,MySQL 使用该索引的机会就越大
Sub_part	若列只是被部分编入索引,则为被编入索引的字符的个数;若整列被编入索引,则为 NULL
Packed	指示关键字如何被压缩。若没有被压缩,则为 NULL
Null	用于显示索引列中是否包含 NULL。若列含有 NULL,则显示为 YES;若没有,则该列显示为 NO
Index_type	显示索引使用的类型和方法,如 BTREE、FULLTEXT、HASH、RTREE 等
Comment	注释

11.4　删　除　索　引

语句格式如下:

```
drop index <索引名> on <表名>;
```

11.4 删除索引

【例 11-16】　如图 11-4 所示显示了 student 表中所有的索引信息。使用 drop index 语句删除 idx_s1 索引。

SQL 语句如下:

```
drop index idx_s1 on student;
```

单元训练

一、填空题

1. 使用 create index 语句在表 score 上的学号字段上创建一般索引的语句是_____。

2. drop index 语句的功能是_____。

3. 显示 course 表上所有索引的语句是_____。

二、选择题

1. 在 MySQL 中关于索引的说法正确的是(　　)。

　　A. 应该尽可能多的创建索引

　　B. 索引可以提高数据查询速度

　　C. 索引可以提高数据更新速度

　　D. 索引适合创建在任何字段上

2. 创建索引的语句是(　　)。

　　A. create view　　　　　　　　　　　　B. alter index

C. create index　　　　　　　　　　D. create database

3. 关于下列语句说法正确的是(　　)。

```
create table stu (
    sno int primary key,
    sname char(20),
    sage int,
    unique index(sname),
index(sage)
);
```

　　A. 该语句创建了一个包含 5 个字段的表

　　B. sno 字段值不能重复不能为空

　　C. sname 字段值不能重复不能为空

　　D. sage 字段不能重复不能为空

4. 关于索引使用原则下列说法中正确的是(　　)。

　　A. 应该在所有列上建立索引以提高检索速度

　　B. 应该在学生表的性别字段上建立索引

　　C. 经常进行排序的列不应建立索引

　　D. 应该在经常使用 where 字段的列上建立索引

5. 支持支持全文索引的存储引擎为是(　　)。

　　A. myisam　　　　　B. innodb　　　　　C. gemory　　　　　D. character

三、操作题

1. 创建选课数据库 stuinfo，在 stuinfo 数据库里创建学生表 stu，字段列表见表 11-3。

表 11-3　stu 表字段列表

字段名	数据类型和功能	其他要求
sno	char(10)，学生学号	
sname	char(20)，学生姓名	不可重复，值唯一
sex	char(2)，性别	不能为空
birthday	date，生日	
class	char(20)，班级	

2. 修改 stu 表，设置 sno 为主键。

3. 修改 stu 表，在 birthday 上创建普通索引 idx_stu_birthday。

4. 删除 birthday 字段上的 idx_stu_birthday 索引。

单元十一自测题

单元十二

珠联璧合——视图

导学

通过前面的学习我们了解到数据库中的数据一般都存储在数据表(Table)中。但是在进行数据库设计时,为了维护数据的结构和一致性,会对表进行拆分,当用户需要一些具体数据的时候,往往需要通过烦琐的连接查询、子查询等对多个表进行查询,操作并不便捷;而多个表中的数据对一般的需求来说,有些数据又是不需要的;另外,直接对基本表进行查询,会对外暴露数据库内部的真实逻辑结构,存在一定的安全隐患。有没有方法使数据库只展示用户需求的数据呢? 在本单元中将学习 MySQL 中视图的概念、特点以及视图的创建和管理方法。

预习本单元内容,思考以下问题。

使用 MySQL 如何在学生选课系统数据库中创建视图,满足辅导员在班级管理中对学生名单数据的使用需求?

本单元的学习任务

了解 MySQL 中视图的相关知识,掌握视图的操作方法。

(1) 了解视图的概念和特点;

(2) 掌握基于单表和多表的视图的创建方法;

(3) 掌握视图的修改和删除方法。

12.1 视 图 概 述

12.1.1 视图概念

视图是一个虚表,之所以称为虚表是因为它和数据表具有相似结构,都包含一系列列和行,都具有列名,也具有视图名。但视图往往由查询定义,它只包含表结构,并不包含表数据。当对视图进行查询时,相当于间接从创建视图的基表中进行查询。

视图是从数据表或其他视图中导出的表,包含一系列带有名称的数据列和若干条数据行。视图的出现一方面解决了人们在对数据表进行设计时难以兼顾数据逻辑结构合理性和数据访问便捷性的问题,另一方面也提高了数据库的安全性。有了视图的帮助,在进行数据库内部结构设计的时候,可以完全不用理会将来数据使用的便利性,只需专注于诸如是否满足企业的整体需求以及满足几级范式要求等内部结构的完整性就可以了。

对于数据库的三层模式和两级映射来说,视图属于外模式也就是用户模式的范畴。视图保证了数据库的逻辑独立性,对于同一个数据库的逻辑模式,可以针对不同的应用需求建立不同的视图。比如,对于某个辅导员来说视图需要呈现自己所管理学生的班级、学号、姓名、性别、籍贯等基本信息,对于任课教师来说视图需要呈现班级、学号、姓名及自己所授课程的成绩信息,对于某个具体学生来说视图只需要呈现学生自己的基本信息和自己的各科成绩即可。用户不同需求不同,他们所使用的视图也各不相同,所以视图实现了看到的就是需要的这个对用户来说简单而又不易实现的需求。

12.1.2 视图和表的区别

视图作为一个虚表,在使用上和表有很多相似的地方,但是它们的本质不同,视图和真正数据表的区别有以下几点。

(1) 视图是虚表,只存储表结构,并不存储数据;而表既有结构也存储数据。

(2) 视图存储的是编译好的 SQL 查询语句,是一个结果集。引用视图相当于间接引用创建视图的基表。

(3) 视图是数据窗口,表是数据内容。相同的数据内容可以以不同的方式即不同的窗口展现出来,也就是一组表可以对应多个视图。

(4) 表数据占用物理存储空间,而视图数据不占用物理存储空间。

(5) 表属于模式层,而视图属于外模式层。

(6) 对表可以进行增、删、改、查等操作,而对视图通常进行查询操作,对视图的增、删、改这些操作是有限制的。

(7) 视图的建立和删除不影响其对应的基表。

(8) 如果基表数据被修改了,这种修改会自然反映到基于这些基表建立的视图上。

(9) 对可更新视图的数据修改就相当于间接对基表数据进行修改。

(10) 视图可以建立在基表上,也可以建立在其他视图上,虽然并不建议这么做。

12.1.3 视图优点

视图与表在本质上虽然不相同,但视图的结构形式和表一样,也可以对其进行插入、删除、修改和查询等操作。和直接操作表相比,视图还具有许多优点。

1. 简化查询,重用 SQL 语句

由于数据库内部逻辑结构的设计是面向全局的,为了提高表结构及表间关系的科学性规范性,降低数据冗余,维护数据一致性,需要对自然表进行多次拆分,这会导致用户想要查询出符合自己要求的数据需要写复杂的 select 查询语句,甚至还需要进行分组、排序或者聚合运算,而有了视图的帮助,可以把这一部分较为复杂的工作放在视图创建步骤解决。视图一经创建便成为一个永久的数据库对象,可以被重复使用,这就使得用户对数据库的查询变得简单了。

2. 定制用户数据

实际上,不同的用户可能对相同的一组数据表有着不完全相同的数据查询需求。例如,同样是查询成绩表,学生个人只需要查询出自己的各门成绩,辅导员只需要查询出本班学生成绩,而某一科目的任课教师只需要查询授课班级的本门课成绩。再比如,对于某企业的员工数据库来说,企业外部网站出于宣传目的只需要列出部分员工的姓名等简单信息,而本企业人事部门则关注的信息要更多,包括姓名、性别、员工号、职称、职务、工龄、基本工资、奖金、籍贯、奖惩记录等都在查询范围内。有了视图就可以实现数据的定制,针对网站应用建立的视图只包括姓名等最简单信息,针对人事部门需求建立的视图则包括了上面所列所有信息。

3. 提高数据库安全性

视图和表,视图字段和表字段都不一定具有一对一的关联性,而且视图的字段名是可以重新指定的,这就隐藏了数据库内部真实的逻辑结构,使得数据库即使受到恶意攻击,也很难找到确定的攻击目标。另外也可以只授予用户访问视图的权限,而不授予访问表的权限,这样进一步保护了基表数据的安全性。

4. 共享所需数据

比如在学校选课管理系统中,教务处和学生处都对学生表有使用需求,但是如果为各自都建立一个独立的学生表,会导致数据冗余度增加和数据状态的不一致。使用视图可以基于一个学生表,为教务处和学生处单独建立不同视图,既满足了两个部门的数据需求,又没有产生更大的冗余,从而两个部门使用视图实现了学生数据的共享。

5. 更改数据格式

视图可以重新格式化基表数据,使之满足不同应用的需求。通过建立视图,可以方便地选择列,修改列名,修改数据的显示格式。比如,在建表时多数使用英文列名,但是在显示的时候又多半使用中文,在表存储时使用出生日期,但是在使用时又需要年龄,这就可以通过在创建视图的 select 语句时进行重命名列、函数运算等操作可轻松更改数据格式,同时又不影响基表数据。

12.1.4　视图注意事项

视图极大地降低了程序员和数据库终端用户对数据库操作的复杂度,同时也提高了数据库系统的安全性,但是使用视图也有一定的注意事项,归纳起来包括以下几点。

(1) 与创建表类似,视图的名字必须唯一,但是创建视图的数目没有限制;

(2) 视图可以嵌套,可以基于其他视图来创建视图,但是这相当于两层或者多层的嵌

套查询,会带来一些性能问题,所以需要慎重;

(3) 在视图上不能创建索引,也不能创建触发器、默认值或规则;

(4) 视图可以和表联合使用,也就是说创建视图的 SQL 查询语句可以是对视图和表的连接查询或嵌套查询;

(5) 在创建视图时可以使用排序子句 order by,但如果在对视图进行进一步检索时也使用了 order by 排序子句,则创建视图的查询语句中的 order by 子句将被覆盖;

(6) 对视图进行带 where 子句的有条件查询时,这个查询条件会和创建视图的查询语句中的条件自动合并,比如创建视图的 select 语句中的查询条件是 where class="网络2021",对视图的查询条件是 where sex='女',则合并后的条件变成 where class="网络2021" and sex='女'.

12.2 视 图 操 作

12.2.1 创建视图

12.2.1 创建
视图

所谓创建视图是指在已经存在的 MySQL 数据库中建立视图。视图可以基于一张表创建,也可以基于多张表创建。

语句格式如下:

```
create [or replace]
    [algorithm = {merge | temptable | undefined}]
view [<数据库名>.] <视图名>
as
<select 语句>
[with check option];
```

参数说明

- [or replace]:可选参数。在使用 create 语句创建视图时,对象不能存在,如果存在则会报错。而如果加上该参数,如果对象不存在则直接创建,如果对象已经存在则直接替换。
- [algorithm={merge | temptable | undefined}]:可选参数,指定视图算法。花括号中的三个参数 merge、temptable 和 undefined 代表了三种算法。各参数含义见表 12-1。
- 数据库名:可以省略。如果省略,则视图会被创建在当前数据库中。
- 视图名:用户指定的视图名字,属于自定义标识符,必须符合 MySQL 标识符定义规则,并且必须唯一。
- select 语句:指定创建视图的 select 语句,该 select 语句的查询对象可以是一个表,也可以是多个表,也可以是视图,甚至可以没有查询对象。
- [with check option]:该选项表示对可更新视图进行数据修改时,检查插入的数据是否符合 where 设置的条件。

表 12-1 算法参数

参数名	参 数 说 明
merge	MySQL 首先把对视图的查询语句与创建视图的查询语句进行组合，然后返回结果集。这个算法因为没有中间过程，所以运算速度较快。这个算法还可以实现可更新视图。这个算法的限制是要求视图行和基表行具有一对一关系。如果视图包含聚合函数、distinct、group by、union 等语句或者没有引用表，则不能用该算法
temptable	MySQL 先生成临时表，然后对临时表进行查询。因为临时表的创建涉及基表数据到临时表数据的转移，所以效率比较低。使用该算法的视图是不可更新的。这个算法允许视图中包含聚合函数、distinct、group by、union 等语句
undefined	默认值，不指定算法。这时 MySQL 会优先选择 merge，如果不行则再选择 temptable

在定义视图时被引用的表或视图必须存在，否则报错。但是，创建完视图后，这些被引用的表或视图被删除时则不会有任何提示，这会使得对该视图进行正常操作时报错，为此，可以使用 check table 语句检查视图定义是否存在这类问题。

1. 创建基于单表的视图

【例 12-1】 基于 student 表，创建一个名为 v_wangluo2021 的视图，该视图只显示网络 2021 班的学生信息。该视图的创建语句如下：

```
create view v_wangluo2021
as
select * from student
where class='网络 2021';
```

执行结果如图 12-1 所示。

```
mysql> create view v_wangluo2021
    -> as
    -> select * from student
    -> where class='网络2021';
Query OK, 0 rows affected (0.01 sec)
```

图 12-1 例 12-1 语句执行结果

对该视图内容进行查询，查询结果如图 12-2 所示。

```
mysql> select * from v_wangluo2021;
+----------+----------+--------+-----+------------+----------------+-------------+-------------+
| sno      | class    | sname  | sex | birthday   | address        | telephone   | email       |
+----------+----------+--------+-----+------------+----------------+-------------+-------------+
| 12010101 | 网络2021 | 张涛   | 男  | 2001-02-03 | 河北省保定市   | 13565412300 | zt@126.com  |
| 12010102 | 网络2021 | 李浩新 | 男  | 2001-04-03 | 河北省廊坊市   | 13609289950 | lhx@126.com |
| 12010123 | 网络2021 | 李爽   | 女  | 2001-04-21 | 河北省承德市   | 13403145890 | kkz@126.com |
+----------+----------+--------+-----+------------+----------------+-------------+-------------+
3 rows in set (0.00 sec)
```

图 12-2 例 12-1 视图查询结果

2. 创建基于多表的视图

视图也可以基于两个或两个以上基表创建，对这样的视图进行查询显然要比直接对多个基表查询简单，这体现了视图能简化数据查询的优点。

【例 12-2】 基于学生表 student 和成绩表 score 创建视图 v_sc，该视图包含每个学生的班级 class，学号 sno、姓名 sname，课程号 cno 和成绩 score 等字段。

分析 创建这个视图的 select 查询语句需要同时查询 student 和 score 两个表，而这两个表共有字段是 sno，需要利用共有字段 sno 进行连接查询。

创建视图 v_sc 的 SQL 语句如下：

```
create view v_sc
as
select class,student.sno,sname,cno,score from student,score
where student.sno=score.sno;
```

视图创建成功后，对该视图内容进行查询，查询结果如图 12-3 所示。

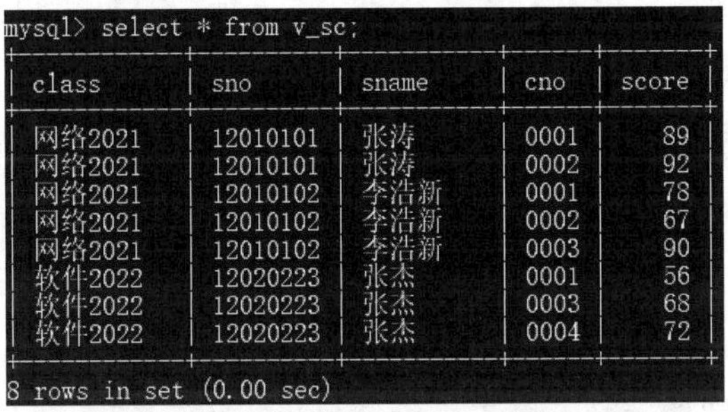
mysql> select * from v_sc;

class	sno	sname	cno	score
网络2021	12010101	张涛	0001	89
网络2021	12010101	张涛	0002	92
网络2021	12010102	李浩新	0001	78
网络2021	12010102	李浩新	0002	67
网络2021	12010102	李浩新	0003	90
软件2022	12020223	张杰	0001	56
软件2022	12020223	张杰	0003	68
软件2022	12020223	张杰	0004	72

8 rows in set (0.00 sec)

图 12-3　例 12-2 视图查询结果

这样的视图对外屏蔽了多个内部表的存在，用户只知道有这些数据，而不知道数据以什么样的结构存储在什么表中，这样就简化了查询操作并增强了数据安全性。

12.2.2　修改视图字段名称

出于安全或者使用需求考虑需要在视图中修改字段名，视图中的字段名和字段顺序可以和基表不同。

12.2.2 修改视图字段名称

1. 在创建视图时设置字段名称

【例 12-3】 创建一个视图 v_stuall，用于显示所有学生的学号、姓名、性别、班级。

SQL 语句如下：

```
create view v_stuall(学号,姓名,性别,班级)
as
select sno,sname,sex,class from student;
```

视图创建成功后，对该视图内容进行查询，查询结果如图 12-4 所示。

2. 在创建视图时通过 select 语句设置字段名称

通过 select 语句设置列名的方法与设置字段别名相同，使用 as 关键字进行设置。

```
mysql> select * from v_stuall;
+----------+--------+------+-----------+
| 学号     | 姓名   | 性别 | 班级      |
+----------+--------+------+-----------+
| 12010101 | 张涛   | 男   | 网络2021  |
| 12010102 | 李浩新 | 男   | 网络2021  |
| 12010123 | 李爽   | 女   | 网络2021  |
| 12020107 | 孙志强 | 男   | 软件2021  |
| 12020121 | 陈丽英 | 女   | 软件2021  |
| 12020223 | 张杰   | 女   | 软件2022  |
+----------+--------+------+-----------+
6 rows in set (0.00 sec)
```

图 12-4　例 12-2 视图查询结果

【例 12-4】 利用这种方法修改例 12-3。

SQL 语句如下：

```
create view v_stuall
as
select sno as 学号,sname as 姓名,sex as 性别,class as 班级 from student;
```

12.2.3　查看视图

12.2.3 查看视图

1. 查看视图定义

对视图进行查询和对表进行查询操作方式完全一样,可以使用 describe 或者 desc 命令查看视图的定义。

语句格式如下：

```
describe|desc <视图名>;
```

【例 12-5】 使用 describe 命令查看视图 v_sc 的定义。

SQL 语句如下：

```
describe v_sc;
```

语句运行结果如图 12-5 所示。

```
mysql> describe v_sc;
+-------+----------+------+-----+---------+-------+
| Field | Type     | Null | Key | Default | Extra |
+-------+----------+------+-----+---------+-------+
| class | char(20) | YES  |     | NULL    |       |
| sno   | char(10) | NO   |     | NULL    |       |
| sname | char(10) | YES  |     | NULL    |       |
| cno   | char(4)  | NO   |     | NULL    |       |
| score | smallint | YES  |     | NULL    |       |
+-------+----------+------+-----+---------+-------+
5 rows in set (0.00 sec)
```

图 12-5　例 12-5 语句执行结果

说明　图 12-5 所示视图描述的各项含义如下。

- Field：字段名,也就是视图的列名。
- Type：字段的数据类型。
- Null：字段为空值。YES 代表可以为空,NO 代表不能为空。

- Key：主键信息。
- Default：默认值。
- Extra：扩展描述信息。

2. 查看视图的创建语句

语句格式如下：

```
show create view <视图名>;
```

【例 12-6】 查看视图 v_sc 的创建语句。

SQL 语句如下：

```
show create view v_sc;
```

12.2.4　修改视图

12.2.4 修改视图

语句格式如下：

```
alter view <视图名>
as
<select 语句>;
```

【例 12-7】 使用 alter 语句修改视图 v_sc，视图中包括班级 class，学号 sno，姓名 sname，课程号 cno，课程名 cname，成绩 score。

SQL 语句如下：

```
alter view v_sc
as
select class, student.sno, sname, course.cno, cname, score
from student, score, course
where student.sno=score.sno and score.cno=course.cno;
```

视图创建成功后，对该视图内容进行查询，查询结果如图 12-6 所示。

```
mysql> select * from v_sc;
+-----------+----------+--------+------+-------------+-------+
| class     | sno      | sname  | cno  | cname       | score |
+-----------+----------+--------+------+-------------+-------+
| 网络2021  | 12010101 | 张涛   | 0001 | 数据库技术  |    89 |
| 网络2021  | 12010101 | 张涛   | 0002 | 计算机网络  |    92 |
| 网络2021  | 12010102 | 李浩新 | 0001 | 数据库技术  |    78 |
| 网络2021  | 12010102 | 李浩新 | 0002 | 计算机网络  |    67 |
| 网络2021  | 12010102 | 李浩新 | 0003 | 网页制作    |    90 |
| 软件2022  | 12020223 | 张杰   | 0001 | 数据库技术  |    56 |
| 软件2022  | 12020223 | 张杰   | 0003 | 网页制作    |    68 |
| 软件2022  | 12020223 | 张杰   | 0004 | web前端技术 |    72 |
+-----------+----------+--------+------+-------------+-------+
8 rows in set (0.00 sec)
```

图 12-6　例 12-7 对修改后视图的查询结果

12.2.5　删除视图

视图作为一个数据库对象,可以被整体删除,删除视图使用 drop view 语句。在删除视图时并不会同步删除视图所关联的基表,即基表不受影响。

语句格式如下:

```
drop view [if exists] <视图名 1> [,<视图名 2> ...];
```

说明

- drop view 语句一次性可以删除多个已存在视图,视图名中间用逗号间隔。
- [if exists]为可选项,如果没有该选项,当指定了不存在的视图后 MySQL 将会报错。

【例 12-8】 使用 drop view 语句删除视图 v_sc。

SQL 语句如下:

```
drop view v_sc;
```

单元训练

一、填空题

1. 创建视图的 SQL 语句是_____。

2. 删除视图 v1 和 v2 的 SQL 语句是_____。

3. 查看视图 v1 定义的 SQL 语句是_____。

4. 视图在创建时可以指定的算法有_____、_____、_____,其中使用_____算法的视图不可更新。

5. 在删除视图时为了避免出现因删除对象不存在而返回错误,应该使用的删除语句是_____。

二、选择题

1. 创建视图使用语句(　　)。

    A. create table   B. create view

    C. alter table   D. alter views

2. 视图的算法不包括(　　)。

    A. merge   B. temptable

    C. undefined   D. algorithm

3. 查看视图定义的语句是(　　)。

    A. desc view   B. describe table

    C. select view   D. show views

4. 视图和表的区别不包括(　　)。

    A. 视图和表中都存储数据

    B. 视图是虚表,只包含结构,表既有结构,也存储数据

C. 删除视图,基表不会受影响

D. 表属于模式层,视图属于外模式层

5. 关于视图的说法错误的是(　　)。

A. 视图可以提高数据安全性

B. 使用视图可以修改字段名称

C. 使用视图可以提高数据查询速度

D. 一个数据库可以有多个视图

三、操作题

1. 在学生选课数据库中创建视图 v_sc2,该视图显示网络 2021 班所有学生的学号、姓名、性别、课号和成绩。

2. 修改 v_sc2 视图,去掉性别字段显示。

3. 删除 v_sc2 视图。

单元十二自测题

百炼成钢——存储过程

导学

　　勤奋＋坚持＋方法＝成功。一名优秀的数据库系统开发人员应该思考如何优化程序,如何提高语句的运行速度,增强系统的可维护性和安全性。前面学习了 MySQL 的多种操作,建库、建表,数据的增、删、改、查等。这些操作有一个共性,所有 SQL 语句的运行是一次性的。有没有什么办法可以把经常运行的 SQL 语句存起来,下次可以直接调用执行呢? 答案就是存储过程。在本单元中将学习使用 MySQL 创建无参和有参的存储过程,调用执行存储过程的方法。

　　预习本单元内容,思考以下问题。

　　使用 MySQL 如何在学生选课系统数据库中创建一个有参存储过程,实现当输入学生的学号时,输出该学生的成绩信息?

本单元的学习任务

　　了解 MySQL 中流程控制语句和存储过程的相关知识,掌握存储过程的操作方法。

　　(1) 了解 MySQL 的流程控制;

　　(2) 掌握 MySQL 流程控制语句的用法;

　　(3) 了解存储过程的概念和特点;

　　(4) 掌握存储过程的创建和执行方法;

　　(5) 掌握存储过程的查看、修改和删除方法。

13.1　流程控制语句

　　在处理一些相对复杂的逻辑关系时,需要借助流程控制语句来实现,在 MySQL 中有两种类型的流程控制语句,即分支表达式和循环控制结构语句,其中,分支表达式不能单独使用,必须放在其他语句或者表达式中;而循环控制结构语句可以单独使用。

13.1.1　分支语句

1. case 表达式

case 表达式可以实现多分支判断。case 语法格式有两种，即简单 case 表达式和搜索 case 表达式。

1）简单 case 表达式

语句格式如下：

```
case <测试表达式>
    when <比较值1> then <表达式值1>
    ...
    [when <比较值 n> then <表达式值 n>]
    [else <表达式值 n+1>]
end
```

该语句执行流程是：首先计算测试表达式的值，然后依次用 when 语句后的各比较值与测试表达式的值进行对比。如果发现相等则停止比对，并返回 then 语句后相应的表达式值；如果比对失败，则返回 else 语句后的表达式值。

【例 13-1】　查询学生表的内容，输出学号、专业、姓名三列，利用班级字段的前两个字判断学生所处的专业，"软件"对应"软件技术"专业，"网络"对应"计算机网络技术"专业，其他值则对应"其他专业"。

SQL 语句如下：

```
select sno as 学号,
    case left(class,2)
        when '软件' then '软件技术'
        when '网络' then '计算机网络技术'
        else '其他专业'
    end as 专业,
    sname as 姓名
from student;
```

语句执行结果如图 13-1 所示。

2）搜索 case 表达式

语句格式如下：

```
case
    when <判断条件1> then <表达式值1>
    ...
    [when <判断条件 n> then <表达式值 n>]
    [else <表达式值 n+1>]
end
```

语句执行流程是依次判断 when 语句后各判断条件的真假，如果找到一个值为真的

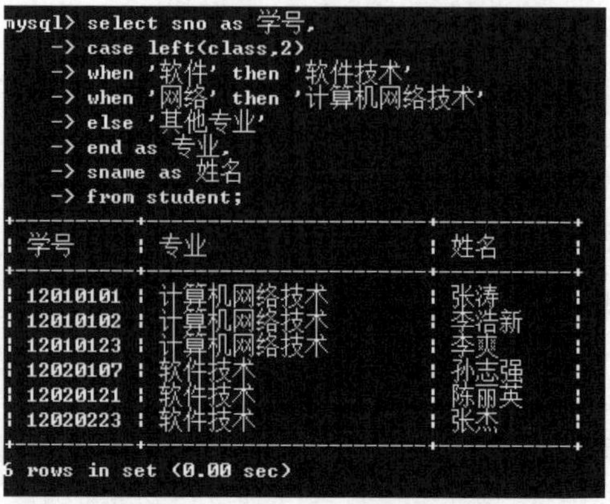

图 13-1　例 13-1 语句执行结果

判断条件,则停止判断,并返回 then 语句后相应的表达式值,0 或 null 值为假,其他值为真。

【例 13-2】　查询成绩表的内容,输出学号、课程号、成绩级别三列。利用分数判断成绩级别,90 分及以上为优秀,80 分及以上是良好,70 分及以上是中等,60 分及以上是及格,小于 60 分为不及格。

SQL 语句如下:

```
select sno as 学号,
    cno as 课程号,
    case
        when score>=90 then '优秀'
        when score>=80 then '良好'
        when score>=70 then '中等'
        when score>=60 then '及格'
        else '不及格'
    end as 成绩级别
from score;
```

语句运行结果如图 13-2 所示。

2. if-else 流程控制语句

语句格式如下:

```
if <条件表达式 1> then
    <语句列表 1>
[elseif <条件表达式 2> then]
    <语句列表 2>
    ...
[else
    <语句列表 n>]
```

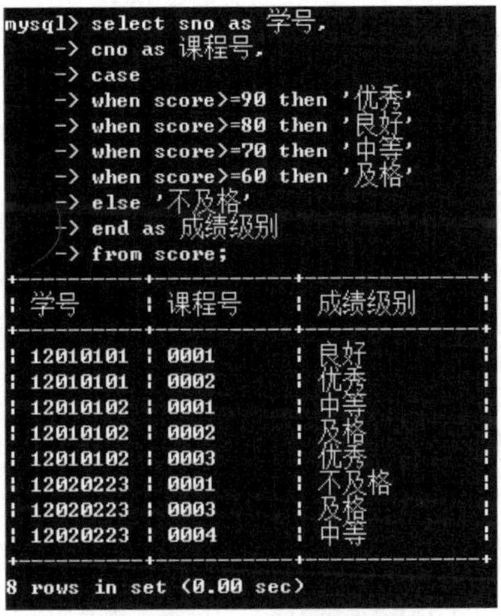

图 13-2　例 13-2 语句执行结果

```
end if;
```

语句执行流程是先判断条件表达式 1 的值，如果为真（不为 0 或 null），则执行语句列表 1，如果为假则继续往后判断；如果所有条件表达式值都为假则执行语句列表 n；如果所有条件表达式值都为假，又不存在 else 语句，则什么都不执行。

3. if 函数

语句格式如下：

```
if(<表达式 1>,<表达式 2>,<表达式 3>);
```

函数逻辑是判断表达式 1 的值，如果为真则 if() 函数值取表达式 2 的值，否则函数值取表达式 3 的值。

4. ifnull 函数

语句格式如下：

```
ifnull(<表达式 1>,<表达式 2>);
```

函数逻辑是如果表达式 1 值为 null，则 ifnull() 的返回值为表达式 2，否则返回值为表达式 1。

5. nullif 函数

```
nullif(<表达式 1>,<表达式 2>);
```

如果表达式 1 等于表达式 2 返回值为 null，否则，返回值为表达式 1。

13.1.2 循环语句

1. while 循环控制语句

语句格式如下：

```
[标签:] while <循环条件> do
    <循环体>;
end while [标签];
```

语句执行流程是首先判断循环条件是否为真，如果为真(不为 0 或 null)，则执行循环体，然后继续重复这两步，直到循环条件为假则结束循环。

2. repeat 循环控制语句

语句格式如下：

```
[标签:]repeat
    <循环体>;
until <循环结束条件> end repeat [标签];
```

语句执行流程是先执行循环体，然后判断循环结束条件是否为假，如果为假(为 0 或 null)则继续循环，继续重复这两步，直到循环结束条件为真则结束循环。

3. loop 循环控制语句

语句格式如下：

```
[标签:]loop
<语句序列 1>
if <条件表达式> then
    leave [标签];
end if
<语句序列 2>
end loop [标签];
```

语句执行流程是直接执行循环体中的语句序列 1，然后判断条件表达式的值，如果值为真则跳出循环，如果值为假则继续执行语句序列 2，然后再进行下一次循环。这里 leave 语句相当于 C 语言里的 break，该语句只能用在三种循环结构里。

各种流程控制语句主要用在存储过程或者后面将要学习的触发器中，用来加强语句块的功能，增加灵活性。

13.2 存 储 过 程

存储过程是在数据库中定义一些 SQL 语句的集合，可以通过调用存储过程来执行已经定义好的 SQL 语句，可以避免开发人员重复编写相同的

13.2 存储过程

SQL 语句,实现 SQL 语句重用。存储过程是在 MySQL 服务器中存储和执行的,可以减少客户端和服务器的数据传输。

对于存储过程的描述可以用封装和重用两个词来表述。存储过程由过程名、参数和过程体三部分构成。过程体就是被封装的 SQL 语句集合,里面可以使用几乎所有 SQL 语句、变量或流程控制语句。存储过程通过过程名进行调用执行,通过参数进行过程内外数据交换。

存储过程一经创建,便成为永久存储对象。除非被删除,会一直存在,可以被反复调用执行。

13.2.1　创建存储过程

1. 创建带参数的存储过程

带参数的存储过程由过程名、参数和过程体三部分构成。

语句格式如下:

```
create procedure [数据库名.]<过程名>(<过程形式参数>[,...])
<过程体>;
```

过程形式参数格式:

```
[in|out|inout]<参数名> <数据类型>
```

参数说明
- 过程名:存储过程的名称。
- 过程形式参数:可选项,定义需要选择性指定数据传递方向参数、参数名称和参数数据类型。
- 过程体:存储过程的主体部分,由一系列 SQL 语句和流程控制语句组成。一般使用 begin 和 end 关键字进行包围,使之成为一个语句块。如果过程体只包括一条 SQL 语句,begin-end 也可以省略。
- MySQL 存储过程形式参数按照数据传递方向划分可分为三种类型,即输入参数、输出参数和输入输出参数,标识符分别使用 in、out 和 inout。输入参数的功能是在存储过程被调用时接收实参值;输出参数的功能是在存储过程被调用时把内部处理结果进行输出;输入输出参数则可以同时实现输入参数和输出参数的功能。另外,对于参数名应避免使用系统保留字和列名,否则该参数某些时候会被系统当作列名处理。默认参数类型为传入参数即 in 类型。

调用语句格式如下:

```
call <过程名>(<过程实际参数>[,...])
```

参数说明　过程实际参数是指赋值给存储过程形式参数的实际值,数据类型必须和对应的形式参数一致。

【例 13-3】　创建存储过程 p_sum,计算 1 到 n 的累加和,运算结果通过参数 s 输出。

SQL 语句如下：

```
delimiter $$
create procedure p_sum(in n int,out s int)        #n为输入参数,s为输出参数
begin
    declare i int;
    declare sum int;
    set i=1,sum=0;
    while i<=n do
        set sum:=sum+i;
        set i:=i+1;
    end while;
    set s=sum;
end $$
```

说明　默认情况下 MySQL 遇到分号";"就会以为语句书写结束了，便开始执行，但是在定义存储过程时，过程体往往包含多条语句，如果不做处理，MySQL 在遇到过程体的第一条语句结束时就会以为是整个定义的结束，会造成语法错误，所以需要使用 delimiter 语句重新定义分隔符。

delimiter ＄＄语句把分隔符定义为"＄＄"。

注意：在存储过程定义完后，务必使用"delimiter;"命令恢复系统默认的分隔符。

【例 13-4】　调用例 13-5 创建的存储过程，假设 n 的值为 10，执行存储过程 SQL 语句如下：

```
delimiter ;                        #恢复默认分隔符
set @n=10,@s=0;                    #定义两个用户变量
call p_sum(@n,@s);                 #调用存储过程
select @s;                         #显示运算结果
```

语句执行结果如图 13-3 所示。

图 13-3　例 13-3 语句执行结果

2. 创建不带参数的存储过程

不带参数的存储过程也叫存储函数。

语句格式如下：

```
create procedure [数据库名.]<过程名>()
<过程体>;
```

调用语句格式如下：

```
call <过程名>();
```

【例 13-5】 创建不带参数的存储过程 p_stuinfo，该存储过程只包含一条对学生表 student 的查询语句。

SQL 语句如下：

```
delimiter $$                          #定义自定义分隔符
create procedure p_stuinfo()
select * from student $$
```

过程体只有一句话，省略了 begin-end 语句。使用 call 命令调用执行存储过程：

```
delimiter ;                           #恢复默认分隔符
call p_stuinfo();
```

执行结果如图 13-4 所示。

```
mysql> delimiter $$
mysql> create procedure p_stuinfo()
    -> select * from student $$
Query OK, 0 rows affected (0.03 sec)

mysql> delimiter ;
mysql> call p_stuinfo();
```

sno	class	sname	sex	birthday	address	telephone	email
12010101	网络2021	张涛	男	2001-02-03	河北省保定市	13565412300	zt@126.com
12010102	网络2021	李浩新	男	2001-04-03	河北省廊坊市	13609289950	lhx@126.com
12010123	网络2021	李爽	女	2001-04-21	河北省承德市	13403145890	kkz@126.com
12020107	软件2021	孙志强	男	2002-06-01	河北省廊坊市	15803229033	szhi@126.com
12020121	软件2021	陈丽英	女	2001-04-10	河北省保定市	13802118392	c221@126.com
12020223	软件2022	张杰	女	2000-05-12	河北省石家庄市	13903112321	zhji@126.com

```
6 rows in set (0.00 sec)

Query OK, 0 rows affected (0.03 sec)
```

图 13-4 例 13-5 语句执行结果

【例 13-6】 创建存储过程 p_stulevel，统计成绩表 score 中每个学生学号，及其平均成绩的级别。90 分及以上为优秀，80 分及以上为良好，70 分及以上为中等，60 分及以上是及格，60 分以下为不及格，统计结果按分数逆序排列。

SQL 语句如下：

```
delimiter $$
create procedure p_stulevel()
begin
    select sno,
        case
            when avg(score)>=90 then '优秀'
            when avg(score)>=80 then '良好'
```

```
            when avg(score)>=70 then '中等'
            when avg(score)>=60 then '及格'
            else
                '不及格'
        end as stulevel
    from score
    group by sno
    order by avg(score) desc;
end $$
```

执行该存储过程,SQL 语句如下:

```
delimiter;
call p_stulevel();
```

13.2.2　查看存储过程

1. 使用 SHOW PROCEDURE STATUS 命令查看存储过程的信息

语句格式如下:

```
show procedure status [like <特征表达式>];
```

参数说明

- [like <特征表达式]:可选参数,如果省略该参数所有存储过程的信息都会被列出,这将是一段很长的信息,所以为了找到有用的信息还是需要使用 like 缩小显示范围。
- 特征表达式:可以是一个存储过程的名字,也可以是存储过程名字的一部分结合通配符%和_使用。

【例 13-7】　查看存储过程 p_sum 的信息。

SQL 语句如下:

```
show procedure status like 'p\_sum';
```

语句运行结果如图 13-5 所示。

```
mysql> show procedure status like 'p\_sum';
+---------+-------+-----------+-----------------+---------------------+---------------------+---------------+---------+---
| Db      | Name  | Type      | Definer         | Modified            | Created             | Security_type | Comment | c
haracter_set_client | collation_connection | Database Collation |
+---------+-------+-----------+-----------------+---------------------+---------------------+---------------+---------+---
| student | p_sum | PROCEDURE | root@localhost  | 2020-02-20 14:09:15 | 2020-02-20 14:09:15 | DEFINER       |         | u
tf8                 | utf8_general_ci      | utf8_general_ci    |
+---------+-------+-----------+-----------------+---------------------+---------------------+---------------+---------+---
1 row in set (0.00 sec)
```

图 13-5　例 13-7 语句执行结果

注意:like 后的表达式是 p_sum,而不是直接写的 p_sum,这是因为下划线_是通配符,代表任意一个字符。这里的下划线只是一个存储过程名字的一部分,需要用反斜杠\

去掉通配符的特殊含义。

【例 13-8】　查看以 p_开头的存储过程的信息。

SQL 语句如下：

```
show procedure status like 'p\_%';
```

语句运行结果如图 13-6 所示。

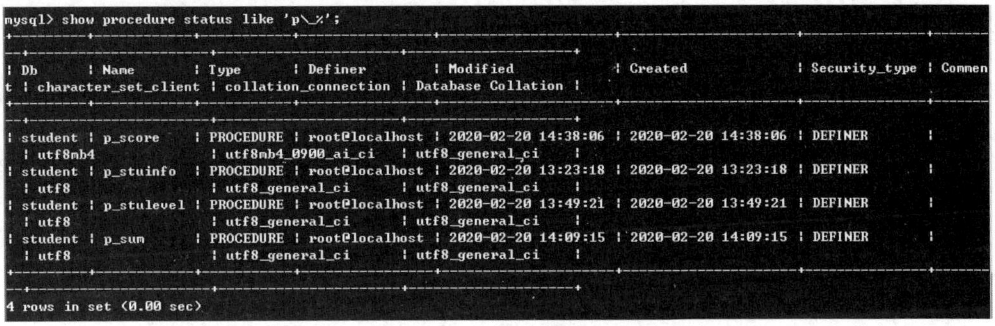

图 13-6　例 13-8 语句执行结果

2. 使用 SHOW CREATE PROCEDURE 查看

语句格式如下：

```
show create procedure <存储过程名>;
```

【例 13-9】　查看存储过程 p_sum 的创建语句。

SQL 语句如下：

```
show create procedure p_sum;
```

13.2.3　修改存储过程

修改存储过程使用语句 alter procedure 语句，它用于修改存储过程的特征。

语句格式如下：

```
alter procedure <过程名> [<特征> ...];
```

【例 13-10】　修改存储过程 p_sum 的权限为能读取数据。

SQL 语句如下：

```
alter procedure p_sum
reads sql data;
```

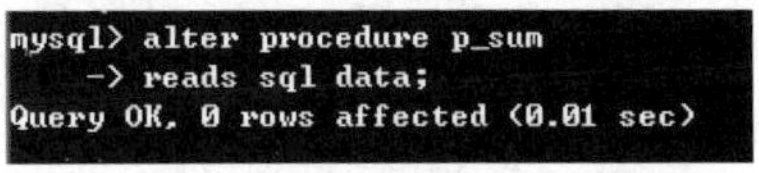

图 13-7　例 13-10 语句执行结果

语句执行结果如图 13-7 所示。

注意：MySQL 的 alter procedure 语句只能修改已有存储过程的特征但不能修改代码，如果需要修改代码必须先删除，再重新创建。

13.2.4　删除存储过程

存储过程一经创建便成为数据库内的永久对象,如想要删除存储过程需要使用 drop procedure 语句。

语句格式如下:

```
drop procedure [if exists] <过程名1>[,...];
```

参数说明

- 过程名:被删除的存储过程名字。若一次性要删除多个存储过程,存储过程名称之间用逗号分隔。只写存储过程名字即可,不用写括号,也不用列出参数。
- if exists:可选参数。如果不写这个参数,当要删除的存储过程不存在的时候会报错。

【例 13-11】　删除存储过程 p_sum。

SQL 语句如下:

```
drop procedure p_sum;
```

语句运行结果如图 13-8 所示。

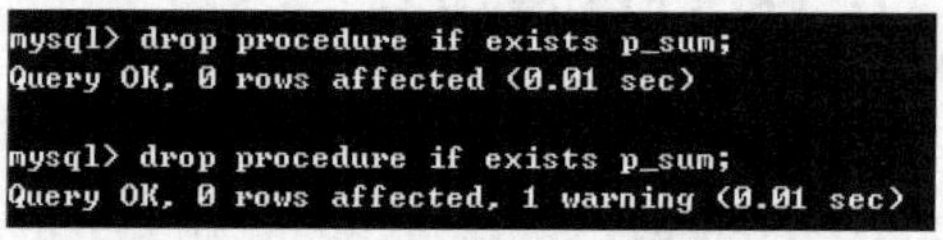

```
mysql> drop procedure if exists p_sum;
Query OK, 0 rows affected (0.01 sec)

mysql> drop procedure if exists p_sum;
Query OK, 0 rows affected, 1 warning (0.01 sec)
```

图 13-8　例 13-11 语句执行结果

单元训练

一、填空题

1. 创建存储过程 p1 的 SQL 语句是_____。

2. 删除存储过程 p1 的 SQL 语句是_____。

3. 查看存储过程 p1 定义的 SQL 语句是_____。

二、选择题

1. MySQL 的分支语句(函数)不包括(　　)。

　　A. case 语句　　　　　　　　　　　B. if 语句

　　C. switch 语句　　　　　　　　　　D. ifnull 函数

2. 以下选项属于 MySQL 的循环语句的是(　　)

　　A. while 语句　　　　　　　　　　 B. repeat 语句

　　C. loop 语句　　　　　　　　　　　D. 以上都是

3. 存储过程的删除语句是(　　)

　　A. create procedure　　　　　　　 B. create index

　　C. drop procedure　　　　　　　　　D. delete procedure

　　4. 把 && 定义为分隔符的命令是(　　　)

　　A. delimiter ＄＄；　　　　　　　　B. delimiter ＄＄

　　C. delimiter ＄；　　　　　　　　　D. delimiter 2＄

　　5. 存储过程的缺省参数类型是(　　　)

　　A. in　　　　　　　B. out　　　　　　　C. int　　　　　　　D. inout

三、操作题

　　1. 在学生选课数据库中创建存储过程 p_scr,功能是输出成绩表中的学号,及其最高分、最低分、总分,并调用执行。

　　2. 在学生选课数据库中创建存储过程 p_stuscr,功能是输出指定学生的姓名和总分,学号作为输入参数,姓名和总分作为输出参数,并调用执行。

单元十三自测题

单元十四

一触即发——触发器

导学

MySQL 提供了主键约束、外键约束、非空性约束、默认值约束、唯一性约束来实现数据完整性。如果想进一步提高数据库对数据的控制能力就需要使用触发器了,它可以结合流程控制语句实现比 check 和 foreign key 更复杂的数据完整性约束。在本单元中将学习 MySQL 触发器的概念、分类,创建、修改、删除触发器的方法。

预习本单元内容,思考以下问题。

如何在学生选课系统数据库中创建一个恰当的触发器,实现当删除该同学信息时,同步把成绩表中该学生成绩信息删除?

本单元的学习任务

了解 MySQL 中触发器的相关知识,掌握触发器的操作方法。

(1) 了解触发器的概念、特点和分类;

(2) 掌握触发器的创建和执行方法;

(3) 掌握触发器的修改和删除方法。

14.1 触发器概述

14.1.1 触发器概念

MySQL 数据库的触发器是一个特殊的存储过程,和存储过程相同的都是由 SQL 语句和流程控制语句构成的永久性存储对象,而不同的是触发器不需要使用 call 语句调用执行,而是由"事件"自动触发执行的。当事件发生后,触发器也就自动执行了,对用户而言触发器的执行是透明的。

14.1 触发器
概述

14.1.2 触发事件

触发器程序是由事件驱动的,当指定事件发生后,这段程序才会被触发执行。触发器是依附于某一张表的,可以驱动触发器自动执行的事件如下。

(1) 插入。当向该表插入数据行时该表的插入触发器会自动执行;

(2) 删除。当从该表中删除数据行时该表的删除触发器会自动执行;

(3) 更新。当对该表中数据记录进行更新时该表的更新触发器会自动执行。

对数据表进行查询操作是不会触发触发器执行的,不存在查询触发器。

14.1.3　触发器优点

触发器作为一个由事件驱动自动执行的程序段,有如下优点:

(1) 触发器自动执行,设置好后不需要人为干预,对用户透明,不会增加数据库访问的复杂度;

(2) 触发器可以实施比标准的完整性约束更复杂的完整性约束;

(3) 触发器可以为表中数据提供额外保护,设置额外的修改约束;

(4) 触发器可以通过级联更新、级联插入、级联删除,自动维护多表中数据的一致性。

14.1.4　触发器分类

为了在触发器中捕获并处理被 insert、delete、update 语句修改的表数据,MySQL 使用了两个过渡变量 old 和 new,old 变量存储了修改或即将被修改前的旧值,new 变量存储了修改或即将被修改后的新值,另外,old 是只读的,new 是可更新的。

1. 按触发时间分类

按触发器的触发时间分类,触发器分为 before(前)触发器和 after(后)触发器。

(1) before 触发器。也叫前触发器,指触发器的执行早于对数据表修改操作的触发器。before 触发器执行失败会导致触发该触发器执行的 SQL 语句停止执行并回滚。

(2) after 触发器。也叫后触发器,指触发器的执行晚于对数据表修改操作的触发器。after 触发器执行失败,不会影响引起该触发器执行的 SQL 语句的执行效果。

2. 按触发事件分类

(1) insert 触发器。由 insert 语句触发,在 insert 语句执行之前或之后自动执行的触发器。

insert 触发器只能使用 new 变量,前 insert 触发器 new 中的值可以被更新,这样被插入的实际数据就会被修改。

(2) update 触发器。由 update 语句触发,在 update 语句执行之前或之后自动执行的触发器。

update 触发器可以使用 old 和 new 变量。old 存储了更新前的旧值,new 存储了更新后的新值。前 update 触发器 new 中的值可以被更新。

(3) delete 触发器。由 delete 语句触发,在 delete 语句执行之前或之后自动执行的触发器。delete 触发器中只能使用 old 变量。

14.2 触发器操作

14.2.1 创建触发器

语句格式如下：

```
create trigger <触发器名> <触发时间> <触发事件>
on <表名>
for each row
begin
    <语句块>
end;
```

参数说明

- 触发时间：触发时机，可以取 before 或 after 两个值之一；
- 触发事件：引起触发器执行的事件，可以取 insert、update 或 delete；
- 表名：触发器所在的表；
- for each row：触发器每行触发一次，即创建行触发器，MySQL 并不支持语句触发器，所以该参数不可缺少。

1. 创建 before 触发器

before 触发器与 after 触发器的最大区别是 before 触发器可以对 new 变量值进行修改，从而可以影响到修改结果。

【例 14-1】 老师为了表彰某同学平时的良好表现，决定为其成绩提高 10 分，成绩的区间范围是 0 到 100。

分析 如果原来彰某的成绩已经大于 90 分了，那么如果再加 10 分则成绩会出现大于 100 分的情况，可在成绩表 score 上设计一个触发器避免这个情况的出现。

SQL 语句如下：

```
delimiter $$
create trigger tr_score_up before update
on score
for each row
begin
    if new.score>100 then
        set new.score=100;
    end if
end $$
```

创建完该触发器后，对 score 执行更新操作，并查询结果，SQL 语句如下：

```
update score set score=score+10
```

```
where sno= '12010101 ' and cno= '0002 ';
select * from score;
```

执行语句,可以看到如果成绩大于 90 分,则会将其修改为 100 分。

2. 创建 after 触发器

在学生选课管理系统中,成绩表 score 中的学号 sno 和学生表 student 中的记录存在关联性。如果 student 表中学生记录被删除,则成绩表中这个学生的成绩记录会失去意义,所以应该一并删除。

【例 14-2】 在 student 表建立适当的触发器实现对 score 表进行级联删除的操作。

SQL 语句如下:

```
delimiter $$
create trigger tr_student_del after delete
on student
for each row
begin
    delete from score where sno=old.sno;
end $$
```

14.2.2 查询触发器

查询触发器的语句是 show triggers。用于显示数据库中的全部触发器或者满足指定匹配条件的触发器。

语句格式如下:

```
show triggers [from <数据库名>] [like <表名>]
```

参数说明

- 数据库名:可以和 from 一起省略不写,如果省略则查询当前数据库。
- 表名:可以是一个具体的表,也可以包含通配符%和_。

【例 14-3】 查询 student 表上的所有触发器。

SQL 语句如下

```
show triggers like 'student';
```

语句执行结果如图 14-1 所示。

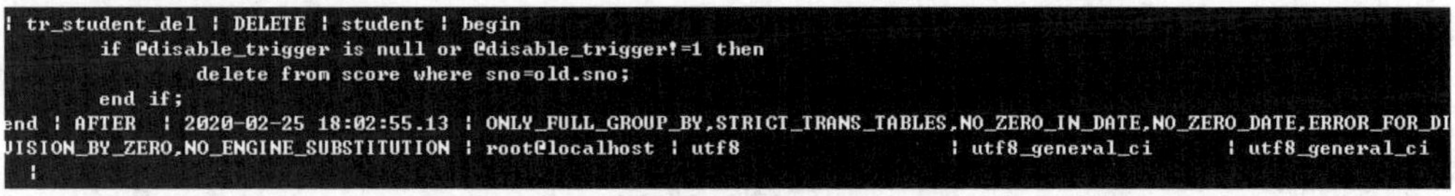

```
| tr_student_del | DELETE | student | begin
        if @disable_trigger is null or @disable_trigger!=1 then
                delete from score where sno=old.sno;
        end if;
end | AFTER  | 2020-02-25 18:02:55.13 | ONLY_FULL_GROUP_BY,STRICT_TRANS_TABLES,NO_ZERO_IN_DATE,NO_ZERO_DATE,ERROR_FOR_DI
VISION_BY_ZERO,NO_ENGINE_SUBSTITUTION | root@localhost | utf8                 | utf8_general_ci       | utf8_general_ci
  |
```

图 14-1 例 14-3 语句执行结果

14.2.3 删除触发器

语法格式如下:

```
drop trigger [if exists] [数据库名]<触发器名>;
```

14.2.3 删除
触发器

其中,数据库名为可选项,如果不指定则从当前数据库中寻找目标。

【例 14-4】 删除触发器 tr_score_up。

SQL 语句如下:

```
drop trigger if exists tr_score_up;
```

单元训练

一、填空题

1. 创建触发器语句是_____。

2. 按执行时间触发器可分为 before 触发器和 after 触发器,其中_____触发器可以修改更新的值。

二、选择题

1. 关于触发器的说法正确的是(   )。

  A. 触发器定义时不需要自定义分隔符

  B. 触发器使用 exec 语句调用执行

  C. 触发器使用 call 语句调用执行

  D. 触发器不需要直接调用执行

2. 关于 insert 触发器以下说法正确的是(   )。

  A. 前 insert 触发器可以通过修改 old 变量值的方法修改插入实际值

  B. 前 insert 触发器可以通过修改 new 变量值的方法修改插入实际值

  C. 后 insert 触发器可以通过修改 old 变量值的方法修改插入实际值

  D. 后 insert 触发器可以通过修改 new 变量值的方法修改插入实际值

3. 创建触发器的语句是(   )。

  A. create trigger   B. create index

  C. new trigger   D. create table

三、操作题

1. 创建另一个学生表 student2,结构和 student 完全一样。在 student 上创建触发器,实现对 student2 的级联插入。

2. 删除上面创建的触发器。

单元十四自测题

不鸣则已，一鸣惊人——事务

导学

在对数据库进行操作的过程中，有时候会有各种意外情况发生，导致操作无法继续下去。例如甲通过银行给乙转账 100 元，银行系统首先从甲的账户余额中减去 100 元，然后再在乙的账户余额里增加 100 元，完成转账，但是如果从甲的账户刚减去 100 元，银行系统发生故障，导致乙账户没有增加 100 元，这就有问题了。在 MySQL 中有没有应对这种状况的方法呢？答案就是事务。在本单元中将学习 MySQL 中事务的概念和特性，以及事务的语句格式和操作方法。

预习本单元内容，思考以下问题。

使用 MySQL 如何在学生选课系统数据库创建事务，使得对学生表 student 的删除语句和对该学生成绩的删除语句，要么全部执行，要么全部撤销。

本单元的学习任务

了解 MySQL 中事务的相关知识，掌握事务的操作方法。

(1) 掌握事务的概念；

(2) 了解事务的特性；

(3) 掌握事务的开始、回滚和提交语句、保存点语句的语句格式；

(4) 掌握事务的操作方法。

15.1　事　务　概　述

15.1.1　事务概念

15.1 事务概述

MySQL 事务主要用于处理操作量大，复杂度高的数据。例如，在学生选课系统中，因为退学需要将学生张某的信息从学生表 student 中删除，既然学生信息都删除了，他的成绩信息也就变得没有意义了，需要同步删除，但如果只删除了其中一部分信息，就会造成选课系统中数据状态异常，为了解决这个问题，可以把这两条删除语句放到一个事务中,因为构成事务的语句要么全部执行,要么全部撤销,不会出现只执行一部分的情况。

事务是一个最小的不可再分的工作单元,通常一个事务对应一个完整的业务。

事务只和 DML 语句有关,也就是只有 insert、delete、update 语句才有事务,并且只有 InnoDB 存储引擎才支持事务。

15.1.2　事务特性

构成事务的一组操作都满足 ACID 特性,ADID 特性即指原子性(Atomicity)、一致性(Consistency)、隔离性(Isolation)、持久性(Durability)。

(1) 原子性(Atomicity)。也称不可分割性。构成事务的所有操作,要么全部完成,要么全部不完成,不存在只完成一部分的情况。

(2) 一致性(Consistency)。事务开始之前和事务结束之后,数据库始终保持完整性。

(3) 隔离性(Isolation)。MySQL 允许多个事务并发执行,隔离性可以防止多事务交叉引起数据不一致。

(4) 持久性(Durability)。事务结束后,对数据的修改是永久性的。

默认情况下 MySQL 中的 SQL 语句执行是自动提交的,每输入完一条语句后,语句自动提交执行,构成一个事务,这种事务叫隐式事务。还有一种事务叫显式事务,显式事务以命令 start transaction 或 begin 开始,或者执行命令 set autocommit＝0,禁止当前会话的自动提交。本单元主要介绍显式事务。

15.2　事务操作

15.2.1　事务开始

1. 通过 start transaction 语句开始事务

语句格式如下:

```
start transaction | begin [事务特性[,事务特性]...];
[事务特性]:{
    with consistent snapshot
   | read write
   | read only
}
```

参数说明

- with consistent snapshot:对于支持一致性读的存储引擎表开启一致性读,只有 InnoDB 支持。
- read write:读写事务。存在对数据的修改。
- read only:表示这是一个只读事务,不存在对数据的修改。

- start transaciton 语句的执行开始一个新事务。

2. 通过设置 autocommit 开始事务

autocommit 参数用于设置是否开启或关闭自动提交。当关闭自动提交后，所写语句不会被立即提交，除非遇到 commit 或 rollback 语句，相当于每次写 SQL 语句都自动开始一个事务。

语句格式如下：

```
set autocommit=<0|1>;
```

参数说明

- set autocommit＝0：关闭自动提交；
- set autocommit＝1：开启自动提交，默认值。

15.2.2　事务提交

对于事务提交一般使用 commit 语句，它会提交事务的所有操作，然后将更新写入数据库中，事务结束。该语句的使用会使得对数据库形成永久性修改，并且因为事务已经结束，所以不能回滚撤销。

语句格式如下：

```
commit [work];
```

15.2.3　事务撤销

对于事务撤销一般使用 rollback 语句，撤销事务对数据的一切修改，数据库恢复到事务运行前的初始状态。该语句必须在事务提交前使用，一般事务在执行过程中遇到某种意外才会进行回滚。

这条语句的使用也会结束一个事务，和提交不同的是，commit 在结束事务时会把修改进行写入，而 rollback 则会撤销所有修改。

语句格式如下：

```
rollback [work];
```

说明　在事务定义过程中，可以使用"saving transaction ＜保存点名＞|＜保存点变量名＞"语句设置保存点，这样可以实现事务的分段运行，不至于因为某一点的故障造成事务需要整体回滚。这就类似于轮船的隔舱，一个舱破损后，轮船其他舱室还能正常使用，不会造成整个轮船的沉没，破船总比沉船强，对于事务撤销来说，设置保存点后 rollback 语句可以只回滚到保存点，而无须回滚到起点。

语句格式如下：

```
savepoint <保存点名>;
rollback [work] to [savepoint] <保存点名>;
release savepoint <保存点名>;
```

参数说明
- savepoint：定义保存点；
- rollback [work] to [savepoint]：回滚到保存点，work 和 savepoint 为可选项；
- release savepoint：移除保存点，而不进行回滚或者提交。

15.3　事务操作综合案例

【例 15-1】　有 student2 表，结构和数据与 student 表一致。修改学号为 12010101 的同学记录，将姓名 sname 的原值"张涛"修改为"刘涛"。

15.3 事务举例

为了使得两个表的姓名保持一致，修改语句需采用事务功能来实现。

SQL 语句如下：

```
start transaction;
update student set sname= '刘涛' where sno= '12010101';
update student2 set sname= '刘涛' where sno= '12010101';
commit;
```

事务执行后，会对两表进行查询，student 和 student2 两个表中学号为 12010101 的同学的姓名 sname 字段的值被同时修改为"刘涛"。

【例 15-2】　恢复 student 和 student2 两表中原始值，再次完成例 15-1 的要求，这次是进行回滚而不是提交操作。

SQL 语句如下：

```
start transaction;
update student set sname= '刘涛' where sno= '12010101';
update student2 set sname= '刘涛' where sno= '12010101';
rollback;
```

事务执行后，对两表进行查询，student 和 student2 两个表中学号为 12010101 的同学的姓名 sname 字段的值仍为原值"张涛"，维持了事务开始前的状态，对两表的修改操作被 rollback 语句撤销。

【例 15-3】　再次使用事务修改 student 和 student2 表中学号为 12010101 同学的名字，在两次修改中间加入保存点。

SQL 语句如下：

```
start transaction;
update student set sname= '刘涛' where sno= '12010101';
savepoint s1;
update student2 set sname= '刘涛' where sno= '12010101';
rollback to s1;
commit;
```

事务执行后，对两表进行查询，student 表中学号为 12010101 的同学的姓名 sname

字段的值为"刘涛"，而 student2 表中学号为 12010101 的同学的姓名 sname 字段的值仍为"张涛"。只有保存点 s1 之前对 student 表的修改语句生效了。

单元训练

一、填空题

1. 事务以_____或_____语句开始，以_____语句结束。

2. 定义保存点的语句是_____。

3. 事务的四个特性是_____、_____、_____、_____。

二、选择题

1. 构成事务的一组操作都满足 ACID 特性，其中 A 指（　　）。

　　A. 隔离性　　　　　B. 一致性　　　　　C. 原子性　　　　　D. 持久性

2. 提交事务的命令是（　　）。

　　A. transaction　　　B. commit　　　　C. rollback　　　　D. begin

3. MySQL 事务的隔离级别不包括（　　）。

　　A. 读已提交　　　　　　　　　　B. 读未提交

　　C. 串行化　　　　　　　　　　　D. 不可重复读

三、操作题

1. 使用事务完成对本单元中 student 表和 student2 表学生信息的删除，避免两表数据状态不一致。

2. 在事务中 3 次对 student 表进行数据插入，在第 1 次插入结束后设置保存点，在第 2 个插入结束后回滚至保存点，然后进行第 3 次插入并提交事务，最后查询 student 表中内容。

单元十五自测题

MySQL数据库管理

有备无患——MySQL 数据库备份与恢复

导学

随着办公自动化和电子商务的飞速发展,企业对信息系统的依赖性越来越高,数据库作为信息系统的核心承担着重要的角色。对于一个公司来说,数据库是其不可或缺的一部分,没有数据就没有一切,尤其在一些对数据可靠性要求很高的行业如银行、证券、电信等,如果发生意外停机或数据丢失其损失会十分惨重。数据库破坏产生的后果,不只是导致组织无法正常运转,影响业务运行,更严重的是可能会因机密数据泄露导致企业商业信誉受损,代价更为严重。

数据库备份就是一种防范灾难于未然的强力手段。数据备份就是要保存数据的完整性,以防止硬件故障、病毒感染、黑客破坏等情况所导致的数据丢失。恢复是备份的逆过程,就是在数据库出现错误或者崩溃不可以使用时,把原来的数据恢复回来。使用数据库备份来还原数据库是数据库系统崩溃时进行恢复的代价最小的且最优的方案。为此数据库管理员应针对具体的业务要求制定详细的数据库备份与灾难恢复策略,提高系统的可用性和灾难可恢复性。

预习本单元内容,思考以下问题。

在学生选课系统数据库中,如何对数据库进行备份和恢复?都有哪些命令?这些命令在用法上有什么不同?

本单元的学习任务

(1) 掌握使用 mysqldump 命令备份的方法;

(2) 掌握使用 mysql 命令恢复的方法;

(3) 熟悉使用 mysqlbinlog 命令恢复的方法;

(4) 了解使用 mysqlhotcopy 命令备份和恢复的方法;

(5) 掌握数据导出的两种方法,即如何使用 select ... into outfile 命令和 mysqldump 命令;

(6) 掌握数据导入的两种方法,即如何使用 load data infile 命令和 mysqlimport 命令。

16.1　MySQL 数据备份和恢复

备份是最简单的保护数据的方法,为了保证数据库的安全,需要定期对数据库进行备份。系统意外崩溃或者硬件损坏都有可能导致数据库的破坏,如果 MySQL 管理员能够做到定期备份数据库,这样在意外发生时,就可以将数据库恢复到某一个正常状态,可以减少由于意外原因导致的损失。在 MySQL 中,有多种方法可以完成数据的备份和恢复工作。

16.1.1　使用 MYSQLDUMP 命令备份

mysqldump 是 MySQL 提供的一个非常有用的数据库备份工具,执行该命令时,可以将数据库备份成一个文本文件,这个文本文件可以被查看和编辑,该文件中包含了很多 create 和 insert 语句,通过这些语句,在进行数据库恢复时,就可以创建表和插入数据,从而恢复数据。

16.1.1 使用 MYSQLDUMP 命令备份

语句格式如下:

```
mysqldump - u user - h host - p password dbname [tbname, [tbname...]] >
filename.sql
```

参数说明

- user:用户名称。
- host:登录用户的主机名称。
- password:登录密码。
- dbname:需要备份的数据库名称。
- tbname:为 dbname 数据库中要备份的数据表。
- 右箭头符号>:表示将要备份的数据表的定义和数据写入备份文件中。
- filename:保存备份结果的 sql 格式文件。

mysqldump 还有一些其他参数可以用来控制备份过程,如--add-drop-database 表示在每个 create database 语句前添加 drop database 语句;--add-drop-tables 表示在每个 create table 语句前添加 drop table 语句等。详细参数可以通过命令 mysqldump --help 进行查看。

1. 使用 mysqldump 备份数据库中的表

语句格式如下:

```
mysqldump [options] dbname [tables] >filename
```

其中,options 选项表示用户登录名、主机、密码等相关参数,tables 可以是一个表或多个表。

【例 16-1】 使用 mysqldump 备份 student 数据库中的 score 表,备份文件为"d:\

example\scbak.sql"。

SQL 语句如下:

```
mysqldump -u root -p student score >d:/example/scbak.sql
```

输入该命令行后,按回车键,再根据提示输入密码,即可完成 sc 表的备份,执行过程如图 16-1 所示。

```
C:\Users\Administrator>mysqldump -u root -p student score >d:/example/scbak.sql
Enter password: ****
```

图 16-1 使用 mysqldump 备份表

用记事本打开备份文件 scbak.sql,可以查看文件内容。在该备份文件中,包含两种注释信息,一是以--开头的注释,这是关于 sql 语句的注释信息。二是以/ * ! 开头、* /结尾的注释,表示可执行的注释,可以被 MySQL 执行,但被其他数据库管理系统如 SQL SERVER 作为注释忽略,这样可以提高数据库的可移植性。通过备份文件,可以获取以下信息。

- mysqldump 工具版本号。
- 备份账户的名称和主机信息、备份数据库名称。
- MySQL 服务器版本号。
- set 语句:将当前系统变量的值赋给用户定义变量。
- 创建表的语句。
- 插入记录的语句。

【例 16-2】 使用 mysqldump 备份 student 数据库中的 student 表和 course 表,文件名为"d:\example\s_c_bk.sql"。

SQL 语句如下:

```
mysqldump -u root -p student student course > d:/example/s_c_bk.sql
```

提示:数据库和两个表之间都有空格。

2. 使用 mysqldump 备份一个或多个数据库

备份数据库即是备份库中所有的表及表中的数据。

语句格式如下:

```
mysqldump [options] --databases db1 [db2 db3] >filename
```

参数说明

- options 选项表示用户登录名、主机、密码等相关参数;
- db1、db2 是要备份的数据库名称;
- databases 参数表示备份数据库。

【例 16-3】 使用 mysqldump 备份 student 数据库。

SQL 语句如下:

```
mysqldump -u root -p --databases student > d:/example/studbk.sql
```

或

```
mysqldump -u root -p student > d:/example/studbk.sql
```

执行过程如图 16-2 所示。

```
C:\Users\Administrator>mysqldump -u root -p --databases student > d:/example/studbk.sql
Enter password: ****
```

图 16-2 使用 mysqldump 备份数据库

【例 16-4】 使用 mysqldump 备份 student 和 testbd 数据库。

SQL 语句如下：

```
mysqldump -u root -p --databases student testdb  > d:/example/stutestdbbk.sql
```

3. 使用 mysqldump 备份所有数据库

语句格式如下：

```
mysqldump [options] --all-databases >filename
```

其中，参数- -all-databases 表示备份所有数据库。

【例 16-5】 备份所有数据库。

SQL 语句如下：

```
mysqldump -u root -p --all-databases > d:/example/all.sql
```

16.1.2　使用 MYSQL 命令恢复

对于备份时生成的包含 create、insert 语句的文本文件，可以使用 mysql 命令恢复到数据库中。

语句格式如下：

```
mysql -u user -p dbname < filename.sql
```

参数说明

- user：用户名称。
- dbname：数据库名称。
- filename：备份数据库得到的 sql 文件。如果该文件中包含创建数据库的语句，执行时可以不指定数据库名称。

提示：该语句是 dos 系统下的命令，不用进入 MySQL 执行。

【例 16-6】 使用 mysql 命令将"d:\example\"文件夹中的备份文件 s_c_bk.sql 恢复到数据库 mytest 中。

SQL 语句如下：

16.1.2 使用
MYSQL 命令
恢复

```
mysql –u root –p mytest < d:/example/s_c_bk.sql
```

执行该语句前,必须先在 MySQL 服务器中创建 mytest 数据库,如果不存在,恢复将出错。该命令执行成功后,在 mytest 数据库中就会包含备份文件 s_c_bk.sql 中的表 student 和 course,如图 16-3 所示。

```
C:\Users\Administrator>mysql –u root –p mytest < d:/example/s_c_bk.sql
Enter password: ****
```

图 16-3　使用 mysql 命令导入数据

数据库恢复后,可以进行查看,如图 16-4 所示,可以看到在 mytest 库中,存在 student 和 course 两个表,还可以进一步查看两个表中是否存在对应的数据。

如果已经登录 MySQL 服务器,还可以使用 source 命令恢复数据库。

语句格式如下:

```
source filename;
```

```
mysql> use mytest;
Database changed
mysql> show tables;

| Tables_in_mytest |

| course |
| student |

2 rows in set (0.00 sec)
```

图 16-4　查看 mytest 库

其中,filename 为数据库备份文件。

【例 16-7】　使用 source 命令将"d:\example\"中的备份文件 s_c_bk.sql 导入数据库 mytest 中。

SQL 语句如下:

```
use mytest;
source d:/example/ s_c_bk.sql;
```

同样在恢复后,可通过相关命令进行查看和确认。

16.1.3　使用 MYSQLBINLOG 命令恢复

1. MySQL 日志文件

16.1.3 使用
MYSQLBINLOG
命令恢复

mysqlbinlog 是 MySQL 数据库的二进制日志文件,用于记录用户对数据库操作的 SQL 语句(除了数据查询语句)信息,还包含语句所执行的消耗时间。MySQL 的二进制日志是事务安全型的,可以使用 mysqlbin 命令查看二进制日志的内容。

(1) binlog 日志的格式有 STATEMENT、ROW、MIXED 三种类型。

① STATEMENT 模式:基于 SQL 语句的复制(statement-based replication,SBR),日志中记录的都是语句,每一条会修改数据的 SQL 语句会被记录到 binlog 中。在主从复制时,从库会将日志解析为源文件,并在从库中执行一次。

② ROW 模式:基于行的复制(row-based replication,RBR),不记录每一条 SQL 语句的上下文信息,仅需记录哪条数据被修改了以及修改后的结果。

③ MIXED 模式:混合模式复制(mixed-based replication,MBR),是以上两种模式

的混合使用,默认为 STATEMENT 模式,对于 STATEMENT 模式无法复制的操作使用 ROW 模式保存 binlog,MySQL 会根据执行的 SQL 语句选择日志保存方式。这种格式将尽量利用两种模式的优点,而避开它们的缺点。

(2) binlog 日志包括二进制日志索引文件和二进制日志文件两类文件。

① 二进制日志索引文件(文件名后缀为.index):用于记录所有有效操作的二进制文件。

② 二进制日志文件(文件名后缀为.00000 *):记录数据库所有的 DDL 和 DML(除了数据查询语句 select)语句事件。

(3) binlog 日志有 MySQL 主从复制和数据恢复两个最重要的使用场景

① MySQL 主从复制:在 master 端开启 binlog,master 把它的二进制日志传递给 slave 来达到 master-slave 数据一致的目的。

② 数据恢复:通过 mysqlbinlog 命令来恢复数据。

2. binlog 配置

如要配置 MySQL 的日志文件参数,可以在配置文件 my.ini 中的 mysqld 节中添加相关配置信息,下面给出了一些配置代码。

```
[mysqld]
#设置日志格式,加入此参数才能记录到 insert 语句
binlog_format = mixed
#设置日志路径,在 linux 中路径需要 mysql 用户有权限写
log-bin ="binlog"
#设置 binlog 清理时间
expire_logs_days = 7
#设置 binlog 每个日志文件大小
max_binlog_size = 100m
#b设置 binlog 缓存大小
binlog_cache_size = 4m
```

3. binlog 相关命令

在 MySQL 中,提供了一些命令,对日志进行设置和操作。

1) 查看 binlog 是否开启

```
show variables like 'log_bin';
```

若其值为 ON,表示 binlog 功能为开启状态,结果如图 16-5 所示。

2) 查看 binlog 存放位置

```
show variables like 'datadir';
```

3) 查看 binlog 日志列表

```
mysql> show variables like 'log_bin';
+---------------+-------+
| Variable_name | Value |
+---------------+-------+
| log_bin       | ON    |
+---------------+-------+
1 row in set, 1 warning (0.01 sec)
```

图 16-5　查看 binlog 是否开启

```
show master logs;
```

结果如图 16-6 所示。

```
mysql> show master logs;
+----------------+-----------+-----------+
| Log_name       | File_size | Encrypted |
+----------------+-----------+-----------+
| logbin.000008  |      3002 | No        |
| logbin.000009  |       178 | No        |
| logbin.000010  |       199 | No        |
| logbin.000011  |      9993 | No        |
| logbin.000012  |      6569 | No        |
+----------------+-----------+-----------+
5 rows in set (0.00 sec)
```

图 16-6　查看日志列表

4）查看 master 状态

即查看最后（最新）一个 binlog 日志的编号名称，及其最后一个操作事件结束点（Position）值。

```
show master status;
```

5）刷新 binlog 日志

自此刻开始产生一个新编号的 binlog 日志文件。

```
flush logs;
```

4. 使用 mysqlbinlog 命令恢复数据库

语句格式如下：

```
mysqlbinlog [option] binlogfile | mysql -u root -p dbname
```

参数说明

以下为 option 的参数说明。

- --start-datetime：从二进制日志中读取指定开始时间后的事件记录。
- --stop-datetime：从二进制日志中读取指定结束时间前的事件记录。
- --start-position：从二进制日志中读取指定 position 位置作为开始的事件记录。
- --stop-position：从二进制日志中读取指定 position 位置作为结束的事件记录。

使用 mysqlbinlog 命令通过日志进行恢复时，需要先使用 mysqldump 进行备份，然后使用 mysql 命令恢复，最后再通过 mysqlbinlog 命令进行日志恢复。下面通过一个具体实例来演示 mysqlbinlog 命令的简单用法。

【例 16-8】　使用 mysqlbinlog 命令实现日志恢复。

（1）备份 student 数据库。

```
mysqldump -u root -p -l -F student > d:/example/stubk.sql
```

其中，-l 表示给所有表加锁；-F 表示生成一个新的日志文件。

（2）对 student 中的数据库进行增、删、改操作，如在 course 表中插入两条课程记录。

```
insert into course values('0005','大学物理','刘明亮'),('0006','python程序设计',
'高天伟');
```

此时表中数据如图 16-7 所示。

```
mysql> select * from course;
+------+----------------+--------+
| cno  | cname          | tname  |
+------+----------------+--------+
| 0001 | 数据库技术     | 王丽   |
| 0002 | 计算机网络     | 孙建军 |
| 0003 | 网页制作       | 赵刚   |
| 0004 | web前端技术    | 李天海 |
| 0005 | 大学物理       | 刘明亮 |
| 0006 | python程序设计 | 高天伟 |
+------+----------------+--------+
6 rows in set (0.01 sec)
```

图 16-7　插入数据后 course 表中的记录

(3) 将 course 表中的所有数据删除。

```
delete from course;
```

(4) 将 course 表数据恢复到第 2 步操作后的状态,即插入后的状态。

第 1 步:使用 mysql 命令,恢复原始备份,即将数据恢复到插入前的状态。

```
mysql -u root -p student < d:/example/stubk.sql
```

第 2 步:查看当前记录操作的日志文件。命令和查询结果如图 16-8 所示,此处查询到的日志文件为 logbin.000014,所在目录为"C:\ProgramData\MySQL\MySQL Server 8.0\Data",后面将用此日志进行恢复。

```
mysql> show master status;
+---------------+----------+--------------+------------------+-------------------+
| File          | Position | Binlog_Do_DB | Binlog_Ignore_DB | Executed_Gtid_Set |
+---------------+----------+--------------+------------------+-------------------+
| logbin.000014 |     9056 |              |                  |                   |
+---------------+----------+--------------+------------------+-------------------+
1 row in set (0.00 sec)
```

图 16-8　查看当前日志文件

第 3 步:查看日志中的内容,找到与第 2 步插入操作有关的记录信息。

```
mysqlbinlog logbin.000014
```

在结果中与插入课程有关的记录信息如图 16-9 所示。可以看到该操作对应的起始时间为"200720 9:52:36",结束时间为"200720 9:59:02",起始位置为 4334,结束位置为 4536。

第 4 步:使用 mysqlbinlog 命令,通过基于位置或时间的方法从日志中恢复两条插入的数据。

```
mysqlbinlog --start-position=4334 --stop-position=4536 logbin.000014|mysql
-u root -p student
```

数据库完全恢复成功。

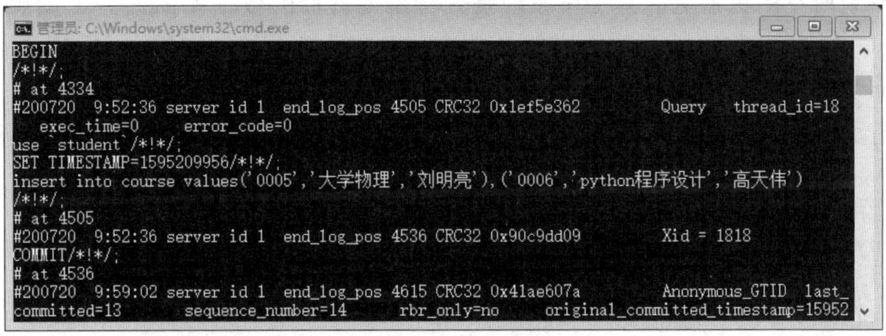

图 16-9　日志文件内容

16.1.4　复制目录的备份和恢复

直接复制数据库文件进行备份属于一种物理备份，其最大优点是备份和恢复的速度更快。先将数据库中对应的文件进行复制，再将这些文件拷贝到 MySQL 数据目录下实现还原。使用这种方式进行备份时，要求保存备份数据的数据库和待还原的数据库服务器的主版本号要相同，

16.1.4 复制目录的备份和恢复

而且这种方式只对 MyISAM 引擎的表有效，对 InnoDB 引擎的表无效。MyISAM 引擎包括多种数据库文件。

（1）.frm 文件。表结构定义文件，存储数据表的框架结构，文件名与表名相同，每个表对应一个同名 frm 文件，与操作系统和存储引擎无关，在何种操作系统上，使用何种存储引擎，都有这个文件。

（2）.myd 文件。即 MY Data，表数据文件，用来存放表中数据。

（3）.myi 文件。即 MY Index，索引文件，主要存放 MyISAM 类型表的存储信息，每个 MyISAM 类型的表会有一个.myi 文件。

（4）.log 文件。日志文件。

以下是这种方法的复制和恢复基本过程。

（1）备份。停掉 MySQL 服务，在操作系统级别备份 MySQL 的数据文件和日志文件到备份目录。

（2）恢复。停掉 MySQL 服务，将备份的文件或目录覆盖 MySQL 的 data 目录，然后重启 MySQL 服务。对于 Linux/Unix 操作系统来说，复制完文件后需要将文件的用户和组更改为 MySQL 运行的用户和组。

16.1.5　使用 MYSQLHOTCOPY 命令备份和恢复

1. mysqlhotcopy 工作原理

mysqlhotcopy 是一个 perl 脚本，主要在 Linux 操作系统下使用，最初由 Tim Bunce 编写并提供。它使用 lock tables、flush tables 和 cp 来快速备份数据库，它是备份数据库或单个表最快的途径，完全属于物理备份，但只能用于备份 MyISAM 存储引擎和运行在

数据库目录所在的机器上。其工作原理是先将需要备份的数据库加上一个读操作锁,然后用 FLUSH TABLES 命令将内存中的数据写回到硬盘上的数据库中,最后将需要备份的数据库文件复制到目标目录。

执行 mysqlhotcopy,必须可以访问备份的表文件,具有这些表的 select 权限、reload 权限和 locktables 权限。

2. mysqlhotcopy 命令使用

语句格式如下:

```
mysqlhotcopy [option] dbname1 dbname2 ... backupdir
```

其中,dbname1,dbname2…为需要备份的数据库名称。backupdir 为指定备份文件目录。

【例 16-9】　使用 mysqlhotcopy 备份 student 数据库到/usr/backup 目录下。
SQL 语句如下:

```
mysqlhotcopy -u root -p student /usr/backup
```

mysqlhotcopy 备份后的文件也可以用来恢复数据库,停止 MySQL 服务器运行,将备份的数据库文件复制到 MySQL 存放数据的位置,重新启动 MySQL 服务即可。过程如下。

(1) 指定数据库文件的所有者。

```
chown -R mysql.mysql /usr/backup
```

(2) 将备份文件拷贝到数据库文件夹中,恢复数据库。

```
cp -R /usr/backup /usr/local/data
```

16.2　MySQL 数据导出和导入

数据导出是将 MySQL 中的数据导出到外部存储文件。MySQL 数据库中的数据可以导出到 sql 文本文件、xml 文件或者其他格式文件。同样这些导出的文件也可以导入 MySQL 数据库中。

在将数据导出导入时需要设置 secure-file-priv 参数,该参数用来设置数据导出导入的目录权限,其值不同,含义也不同。

- secure_file_priv= NULL:表示限制 MySQL 不允许导出或导入。
- secure_file_priv=d:/tmp:表示限制只能在"d:/tmp"目录中执行导入导出操作,其他目录不能执行。
- secure_file_priv=:表示不限制,MySQL 可在任意目录中进行导入导出操作。

如果在导出导入目录受限的前提下进行导出导入操作,将会出现"The MySQL server is running with the -secure-file-priv option so it cannot execute this statement."的

提示信息。

要查看 secure_file_priv 的值，可使用如下命令：

```
show global variables like '%secure%';
```

执行结果如图 16-10 所示。

```
mysql> show global variables like '%secure%';
+--------------------------+-------+
| Variable_name            | Value |
+--------------------------+-------+
| require_secure_transport | OFF   |
| secure_file_priv         |       |
+--------------------------+-------+
2 rows in set, 1 warning (0.01 sec)
```

图 16-10　查看 secure_file_priv 值

由图可以看出，当前 secure_file_priv 的值为空（不是 NULL），表示进行数据导出导入时目录不受限制，可以在任何目录下进行。如要设置导出导入只能在“d:\home”目录下进行，打开 my.ini 文件，在[mysqld]节点下设置如下语句：

```
secure_file_priv = d:/home          #表示限制为 d:\home 文件夹
```

16.2.1　使用 SELECT ... INTO OUTFILE 命令导出数据

16.2.1 使用 SELECT...
INTOOUTFILE
命令导出数据

MySQL 导出数据时，允许使用包含导出定义的 select 语句进行数据的导出操作。

语句格式如下：

```
select columnlist from table [where 语句] into outfile 'filename'[option];
```

其中，columnlist 为列名，table 为表名，filename 为存放导出数据的文件名，option 为导出参数选项，以下是其取值及含义。

- fields terminated by 'string'：字段分隔符，默认为制表符'\t'。
- fields [optionally] encolosed by 'char'：设置字段的包围字符，只能为单个字符，如果使用了 optionally，则只有 char 和 varchar 等字符数据字段被包括。
- fields escaped by 'char'：设置转义字符，默认为'\'。
- lines starting by 'string'：每行首字符，默认为空，不使用任何字符。
- lines terminated by 'string'：行结束符，默认为'\n'。

提示：导出数据时，导出文件不能事先存在，否则会出现错误。

【例 16-10】　使用 select ...into outfile 将 student 数据库中的 course 表导出到文本文件。

SQL 语句如下：

```
select * from student.course into outfile 'd:/example/cbak.txt';
```

打开文件 d:\example\cbak.txt，其内容如图 16-11 所示。相关参数均为默认值，字段值使用\t分隔,行头无字符,行尾用\n结尾。

图 16-11　查看导出文件内容

【例 16-11】　使用 select …into outfile 将 student 数据库中的 score 表导出到文本文件。其中,字段分隔符为逗号,字段包含符为双引号,记录结束符为回车换行符。

SQL 语句如下:

```
select * from student. score into outfile 'd:/example/scbak. txt' fields
terminated by "," enclosed by '"'        lines terminated by '\r\n';
```

打开文件"d:\example\scbak.txt",其内容如图 16-12 所示。

如果希望数值型字段的两边没有引号,可以使用 optionally 参数。

```
select * from student. score into outfile 'd:/example/scbak1. txt' fields
terminated by "," optionally enclosed by '"'  lines terminated by '\r\n';
```

打开该文件,可以看到成绩值的两边少了双引号,如图 16-13 所示。

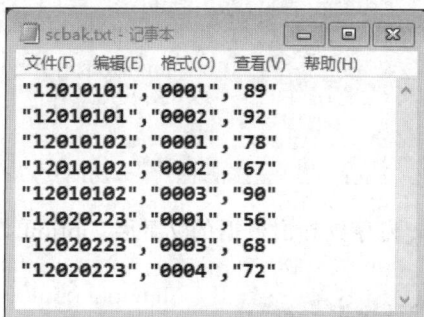

图 16-12　设置格式的导出文件内容

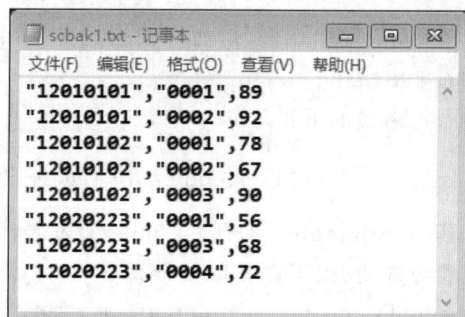

图 16-13　导出文件内容——带 optionally 参数

【例 16-12】　使用 select …into outfile 将 student 数据库中的 student 表导出到文本文件。其中,字段分隔符为|,字段引用符为双引号,每行记录以＞开始,以回车换行符结束。

SQL 语句如下:

```
select * from student. student into outfile 'd:/example/sbak. txt' fields
terminated by "|"  enclosed by '"'  lines starting by '>' terminated by '\r\n';
```

打开文件"d:\example\scbak.txt",其内容如图 16-14 所示。

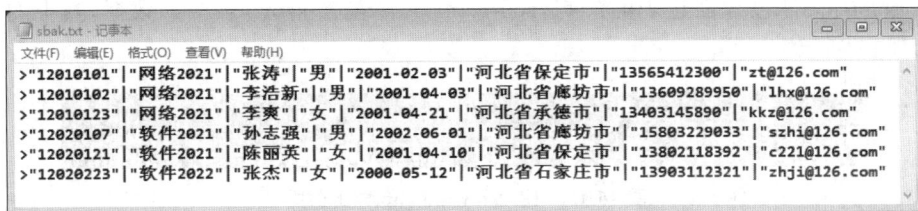

图 16-14　导出文件内容——自定义格式

16.2.2　使用 MYSQLDUMP 命令导出数据

使用 mysqldump 命令除了可以备份数据库外，也可以将数据导出为纯文本文件。

语句格式如下：

```
mysqldump -u username -p -T target_dir dbname tablename [option];
```

16.2.2 使用
MYSQLDUMP
命令导出数据

参数说明

- -T：导出为纯文本文件。
- target_dir：导出数据的目录。
- dbname、tablename：表示导出的数据库和表。

以下为 option 选项取值及含义。

- --fields-terminated-by：字段分隔符，默认为\t。
- --fields-enclosed-by：字段包含符。
- --fields-optionally-enclosed-by：字段包含符，只能用在 char、varchar、text 等类型字段上。
- --fields-escaped-by：转义字符，默认为\。
- --lines-terminated-by：记录结束符，默认为\n。

提示：

- 与 select … into outfile 语句中的 option 参数不同，这里每个选项的 name 值不要用引号括起来。
- 执行该命令将会在 target_dir 目录下生成一个.sql 文件和一个.txt 文件。

【例 16-13】　使用 mysqldump 将 student 数据库中的 score 表导出到文本文件。字段之间用逗号分隔，字符型字段值用双引号包含起来，每行以\r\n 结束。

SQL 语句如下：

```
mysqldump -u root -p -T d:/example student score --fields-terminated-by=, --
fields-optionally-enclosed-by=\"
--lines-terminated-by=\r\n
```

执行结果如下图 16-15 所示。

命令执行成功后，将在“d:/example”目录下生成一个 score.sql 和一个 score.txt 文件,score.sql 文件包含创建表的语句,score.txt 文件包含 score 表中的数据,其中的数据如图 16-16 所示。

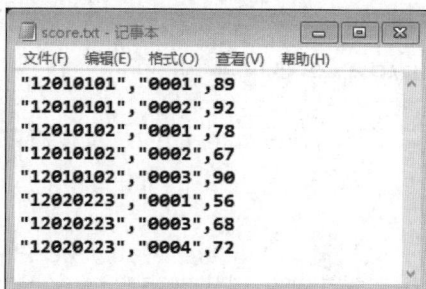
```
c:\Users\Administrator>mysqldump -u root -p -T d:/example student score --fields-terminated-by=,
--fields-optionally-enclosed-by=\" --lines-terminated-by=\r\n
Enter password: ****
```

图 16-15　使用 mysqldump 导出数据

图 16-16　mysqldump 命令导出文件内容

16.2.3　使用 LOAD DATA INFILE 命令导入数据

导入数据,就是将数据从文本文件加载到 MySQL 数据库的表中。导入数据也有两个命令,即 load data infile 命令和 mysqlimport 命令。下面先学习 load data infile 命令的用法。

16.2.3 使用 LOAD DATA INFILE 命令导入数据

语句格式如下:

```
load data infile filename into table tablename [option];
```

参数说明

* filename 为导入数据的来源;
* tablename 表示要导入的数据表名称;
* option 选项为可选项,以下是其取值含义。
  * fields terminated by 'string':字段分隔符,默认为制表符\t。
  * fields [optionally] encolosed by 'char':设置字段的包围字符,只能为单个字符,如果使用了 optionally,则只有 char 和 varchar 等字符数据字段被包括。
  * field escaped by 'char':设置转义字符,默认为\。
  * lines starting by 'string':每行首字符,默认为空,不使用任何字符。
  * lines terminated by 'string':行结束符,默认为\n。
  * ignore number lines:忽略输入文件中的前 number 行数据。

注意:导入时 options 参数值应该和导出时参数值保持一致。

【例 16-14】　使用 load data infile 将 d:\example\cbak.txt 文本文件中数据导入 student 库中 course 表。

SQL 语句如下:

```
use student;
delete from course;          #先删除表 course 中的数据
load data infile 'd:/example/cbak.txt' into table course;
```

如果在导出文件中使用了参数选项改变了显示模式,则在导入数据时需要设置同样的参数。

【例 16-15】　使用 load data infile 将文件 d:\example\scbak.txt 的数据导入 student 数据库 score 表中。在 scbak.txt 文件中,字段分隔符为逗号,字段包含符为双引号,记录结束符为回车换行符。

SQL 语句如下:

```
delete from score;
load data infile 'd:/example/scbak.txt' into table score fields terminated by
"," enclosed by '"' lines terminated by '\r\n';
```

16.2.4　使用 MYSQLIMPORT 命令导入数据

使用 mysqlimport 命令可以导入文本文件,并且不需要登录 MySQL 客户端。mysqlimport 命令提供了许多与 load data infile 语句相同的功能,大多数选项直接对应 mysqldump 的参数。

16.2.4 使用
MYSQLIMPORT
命令导入数据

语句格式如下:

```
mysqlimport -u username -p dbname filename [option];
```

参数说明

- dbname 为导入表所在的数据库;
- filename 为要导入数据的源文件,将数据导入 dbname 数据库时,数据库中必须存在一个与文件名同名的表,再将数据导入该表中;
- options 选项为可选项,以下是其取值含义。
  - ◆ --fields-terminated-by:字段分隔符,默认为\t。
  - ◆ --fields-enclosed-by:字段包含符。
  - ◆ --fields-optionally-enclosed-by:字段包含符,取值为单个字符,只能用在 char、varchar、text 等类型字段上。
  - ◆ --fields-escaped-by:设置转义字符,默认为\。
  - ◆ --lines-terminated-by:记录结束符,默认为\n。
  - ◆ --ignore-lines＝n:忽视数据文件的前 n 行。

【例 16-16】　使用 mysqlimport 将 d:/example/cbak.txt 文本文件中数据导入 student 库中。文件 cbak.txt 中数据采用默认格式。

根据要求,先在 student 库中创建一个与 course 表结构相同的表 cbak,再执行导入命令。

SQL 语句如下:

```
create table cbak like course;
mysqlimport -u root -p student d:/example/cbak.txt
```

输入 MySQL 连接服务器密码,命令执行成功。使用 select 语句比较两个表的内容,可以发现这两个表中的内容完全一样。如果在导出文件中使用参数选项改变了显示模式,则在导入数据时需要设置同样的参数。

【例 16-17】 使用 mysqlimport 命令将文件 d:/example/scbak.txt 的数据导入 student 库中。在 scbak.txt 文件中,字段分隔符为逗号,字段包含符为双引号,记录结束符为回车换行符。

SQL 语句如下:

```
create table scbak like score;
mysqlimport -u root -p student d:/example/scbak.txt --fields-terminated-by=,
--fields-enclosed-by=\" --lines-terminated-by=\r\n;
```

16.3 综合应用案例

本节将通过一个完整实例演示数据库备份、恢复、数据导出和导入等操作。具体过程如下。

(1)查看备份前的 student 库中 score 表的数据,如图 16-17 所示。

图 16-17 查看 score 表

(2)使用 mysqldump 对 student 数据库进行完全备份,备份文件为 d:/dbbak/ student_bak.sql。代码如图 16-18 所示。

图 16-18 使用 mysqldump 备份

(3)修改 score 表中学生的成绩,将学生 12010102 的 0002 课程成绩改为 80。代码如图 16-19 所示。

（4）本来要删掉学生 12010101 的选课信息，但输入语句有错，误删了 12010102 学生的选课信息，代码如图 16-20 所示。

```
mysql> update score set score=80 where sno='12010102' and cno='0002';
Query OK, 1 row affected (0.10 sec)
Rows matched: 1  Changed: 1  Warnings: 0
```

图 16-19 修改学生成绩

```
mysql> delete from score where sno='12010102';
Query OK, 3 rows affected (0.09 sec)
```

图 16-20 误删学生选课信息

（5）现在要将数据恢复到 12010102 选课信息删除前的状态，以下是具体过程。

① 先进行完全备份恢复，代码如图 16-21 所示。

```
C:\Users\Administrator>mysql -u root -p student < d:/dbbak/student_bak.sql
Enter password: ****
```

图 16-21 使用 mysql 恢复

② 查看 score 表，数据又恢复到最初状态，代码如图 16-22 所示。

```
mysql> select * from score;
+----------+------+-------+
| sno      | cno  | score |
+----------+------+-------+
| 12010101 | 0001 |    89 |
| 12010101 | 0002 |    92 |
| 12010102 | 0001 |    78 |
| 12010102 | 0002 |    67 |
| 12010102 | 0003 |    90 |
| 12020223 | 0001 |    56 |
| 12020223 | 0003 |    68 |
| 12020223 | 0004 |    72 |
+----------+------+-------+
8 rows in set (0.00 sec)
```

图 16-22 恢复后的 score 表

③ 查看当前记录操作的日志文件信息。执行结果代码如图 16-23 所示。

```
mysql> show master status;
+----------------+----------+--------------+------------------+-------------------+
| File           | Position | Binlog_Do_DB | Binlog_Ignore_DB | Executed_Gtid_Set |
+----------------+----------+--------------+------------------+-------------------+
| logbin.000041  |    14785 |              |                  |                   |
+----------------+----------+--------------+------------------+-------------------+
1 row in set (0.00 sec)
```

图 16-23 查看当前日志文件

④ 使用 mysqlbinlog 命令，查看日志文件中的内容，代码如图 16-24 所示。

```
C:\ProgramData\MySQL\MySQL Server 8.0\Data>mysqlbinlog logbin.000041
/*!50530 SET @@SESSION.PSEUDO_SLAVE_MODE=1*/;
/*!50003 SET @@OLD_COMPLETION_TYPE=@@COMPLETION_TYPE,COMPLETION_TYPE=0*/;
DELIMITER /*!*/;
# at 4
```

图 16-24 查看日志文件内容

其中与第 3 步修改操作有关的记录信息如图 16-25 所示,记录下该操作对应的起始时间和结束时间,或对应的起始位置和结束位置。可知恢复数据前第 2 步修改操作对应的起始时间和结束时间分别为"200720 16:05:23"和"200720 16:08:11"。

图 16-25　查看日志文件中操作信息

⑤ 使用 mysqlbinlog 命令,通过基于时间或位置的方法将数据库恢复到恢复数据前第 2 步操作后的状态,代码如图 16-26 所示。

图 16-26　使用 mysqlbinlog 命令基于时间点进行恢复

⑥ 再查看数据恢复情况,发现数据恢复到删除前的状态,如图 16-27 所示。

图 16-27　恢复后的 score 表

⑦ 将 score 表中的数据按照如下格式导出到文件 d:/dbbak/scbak.txt。其中字段分隔符为|,字段包围符为双引号,数值型字段无双引号,记录结束符为回车换行符。代码如图 16-28 所示。

图 16-28　使用 select into outfile 导出数据

⑧ 查看导出文件的内容,如图 16-29 所示。

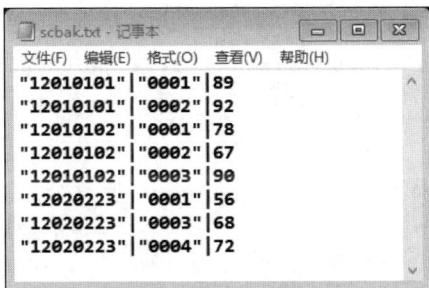

图 16-29　查看导出文件内容

单元训练

一、填空题

1. 使用 mysqldump 命令备份 testdb 中数据库中的 user 表,备份文件存放路径为 e:\ mybak\userbk.sql,其对应语句为_____。

2. 使用 mysqldump 备份数据,生成的备份文件扩展名为_____。

3. MySQL 日志文件包括三种类型,分别是_____、_____和_____。

4. 使用 select ...into outfile 语句导出数据,参数 FIELDS TERMINATED BY 表示_____,要设置导出数据的行开始符号,要使用_____参数。

5. 将数据导出导入需要设置_____参数,如果限制导出导入操作,则该参数值为_____。

二、选择题

1. 使用 mysqldump 命令进行数据导出,下面说法正确的是(　　)。

    A. 该命令需要进入 mysql 后才能执行

    B. 该命令执行时不需要提供登录账户信息

    C. 该执行成功后,将会得到一个 sql 文件和一个 txt 文件

    D. 该命令默认使用逗号作为字段分隔符

2. 下面命令可用来实现数据库恢复是(　　)。

    A. mysqldump   B. mysql

    C. select ... into outfile   D. mysqlimpor

3. 通过日志文件进行数据恢复的命令是(　　)。

    A. mysqldump   B. mysql

    C. mysqlbinlog   D. mysqlimport

4. 使用 load data infile 命令导入数据,参数 fields terminated by 表示(　　)。

    A. 字段分隔符   B. 字段包含符

    C. 行开始符   D. 行结束符

5. 已知导出语句如下,下面说法不正确的是(　　)。

```
select * from example.employee into outfile 'd:/backup/emp.txt'
fields  terminated by '\,'  optionally enclosed by '\"'
lines  starting by '\>'  terminated by '\r\n';
```

  A. 字段之间用","隔开   B. 所有类型字段值用双引号包含起来

  C. 每条记录以符号">"开头   D. 每条记录以回车换行结束

三、操作题

1. 对 student 数据库中的 score 表,分别使用 select …into outfile 命令和 load data infile 命令进行导出和导入,导出导入文件均为 e:\mybak\userbk.txt,其中字段引用符为单引号,字段分隔符为逗号,每行记录以符号|开始,以回车换行符结束。

2. 使用 mysqldump 备份 student 数据库中的 course 表,再对 course 表进行某些增删改操作,最后使用 mysql 进行恢复。

单元十六自测题

责任重于泰山——MySQL 权限与安全

导学

"一切有权力的人都容易滥用权力,这是万古不易的一条经验。有权力的人使用权力一直到遇有界限的地方方才休止。"这句话放到 MySQL 数据库中也同样适合。作为世界上最流行的开源数据库,MySQL 在网站、企业系统、软件包中被广泛使用,而对于存储在 MySQL 数据库中的数据,必须使其保持安全,以免被公开或被破坏造成不可估量的损失。MySQL 使用基于访问权限系统的安全机制,通过给不同的用户设置不同的权限来保证系统的安全。给用户授予的权限若超过他的使用范畴,将会给数据库带来潜在的巨大风险,因此在给用户授权限时要非常谨慎,只给用户授予相应的权限,以确保 MySQL 数据库的安全。

预习本单元内容,思考以下问题。

在学生选课系统数据库中,如何让管理员和普通用户具有不同的权限?

本单元的学习任务

(1) 了解 MySQL 数据库用户权限表基本结构和作用;

(2) 理解 MySQL 数据库权限系统的工作原理;

(3) 掌握 MySQL 中账户创建、密码修改、账户删除的方法;

(4) 掌握 MySQL 中账户权限授予、查看、撤销、修改的方法。

17.1　MySQL 访问权限系统

MySQL 是一个多用户数据库系统,具有功能强大的访问控制系统,可以为不同用户指定允许的权限。MySQL 的权限系统主要是用来对用户的权限进行管理,对连接到数据库的用户进行权限的验证,对于合法用户则会赋予其相应的数据库操作权限。

17.1.1　权限表

MySQL 服务器通过权限表来控制用户对数据库的访问,权限表存放在 mysql 数据库中,存储账户的权限表主要有 user 表、db 表、tables_priv 表、columns_priv 表和 procs_priv 表。在数据库启动时,权限表就载入内存,当用户通过身份认证后,就在内存中进行相应权限的存取,从而完成权限范围内的操作。

1. user 表

user 表是 MySQL 库中最重要的一个权限表,记录允许连接到服务器的账户信息,以及全局级的权限信息。如一个账户被授予全局级的 update 权限(在 user 表中,对应 update_priv 字段值为 Y),则表示该用户具有对 MySQL 服务器上所有数据库进行修改的权限。user 表的主要结构见表 17-1,可用 desc mysql.user 命令进行查看。

表 17-1　user 表结构(部分)

列名类别	字 段 名	类　　型	缺省值
用户列	host	char(255)	
	user	char(32)	
权限列	select_priv	enum('N','Y')	N
	insert_priv	enum('N','Y')	N
	update_priv	enum('N','Y')	N
安全列	ssl_type	enum('','ANY','X509','SPECIFIED')	
	ssl_cipher	blob	NULL
	authentication_string	text	NULL
资源控制列	max_questions	int(11) unsigned	0
	max_updates	int(11) unsigned	0
	max_connections	int(11) unsigned	0
	max_user_connections	int(11) unsigned	0

user 表中所有列分为四种类型,即用户列、权限列、安全列和资源控制列,而用得较多的是用户列和权限列,用户列包含 host、user,分别表示主机名、用户名;权限列则描述的是账户在全局范围内允许对数据和数据库进行的操作权限。

2. db 表

db 表存储了用户对某个数据库的操作权限,决定用户能从哪个主机登录后存取哪个数据库,db 表的主要结构见表 17-2。db 表中的字段分为两类,即用户列和权限列,用户列包含 host、user、db 三个字段,分别表示主机名、用户名和数据库,表示某个用户从某个主机连接 MySQL 服务器后对某个数据库的操作权限;而权限列描述的是对数据库级别的操作权限。

表 17-2　db 表结构(部分)

列名类别	字段名	类型	缺省值
用户列	host	char(255)	
	db	char(64)	
	user	char(32)	

续表

列名类别	字段名	类型	缺省值
权限列	select_priv	enum('N','Y')	N
	insert_priv	enum('N','Y')	N

3. tables_priv 表

tables_priv 表用来对表设置操作权限,对应的是表层级的权限。如果希望某个用户只具有对某个数据库中某个表的操作权限,可对该表相关字段进行设置。

4. columns_priv 表

columns_priv 表用来对表的某一列设置操作权限,对应的是列层级的权限。

5. procs_priv 表

procs_priv 表可以对存储过程设置操作权限,描述的子程序层级权限。

17.1.2 权限系统工作原理

MySQL 的权限系统主要用来对连接到数据库的用户进行权限验证,以此来判断用户是否合法,如果是合法用户则赋予其相应的数据库权限。在连接成功后,对于用户的每一个操作,MySQL 服务器都会根据用户的身份来判断用户是否有执行该操作的权限。

1. 用户身份表示

用户身份由两方面信息组成,即用户名称和连接 MySQL 服务器的客户机名称或 IP 地址,在权限表中对应字段为 user 和 host,因此,用户名相同,但主机不同,应被认为是不同的账户,'joe'@'office.example.com'和'joe'@'home.example.com'就是两个不同的账户。host 取值可以是主机域名或机器 IP 地址,若直接在 MySQL 服务器上进行操作,则 host 字段值可以为 localhost 或 127.0.0.1。host 字段还可以使用通配符%,%表示任何主机,故%.edu.cn 匹配域名 edu.cn 中的任何主机。user 和 host 字段值取值含义见表 17-3。

表 17-3 user 和 host 字段组合含义

user 值	host 值	允许的连接
'fred'	'h1.example.net'	fred 用户,从 h1.example.net 连接
'fred'	'%'	fred 用户,从任何主机连接
'fred'	'%.example.net'	fred,从 example.net 域中的任何主机连接
'fred'	'198.51.100.177'	fred,从主机 IP 地址 198.51.100.177 连接
'fred'	'198.51.100.%'	fred,从 198.51.100 的 C 类子网中的任何主机连接

2. 权限系统工作原理

MySQL 权限系统保证所有的用户只执行允许的操作。当每个用户进行连接后,对于用户的每一个操作,MySQL 会根据用户身份判断该用户是否有执行该操作的权限,用户权限需要提前进行设置。

用户与数据库服务器连接并在操作数据过程中,MySQL 访问控制系统的运行主要包含两个阶段。

阶段 1:服务器检查是否允许用户连接。对于合法的用户通过认证,对于不合法的用户则拒绝其连接。

MySQL 使用 user 表中的三个字段 host、user 和 authentication_string 来存放账户的主机、账户名和密码,在进行连接时,通过输入信息与这三个字段进行匹配,若访问的是本机上的 MySQL 数据库,host 值可以不用输入。当连接成功后,就进入第二个阶段。

阶段 2:用户连接成功后,服务器检测用户发出的每个请求,判断其是否有权限执行它。

在 MySQL 中,用户的权限信息存放在 user 表、db 表、tables_priv 表、columns_priv 表等相关权限列中。确认用户是否具有某个权限时,对于权限表的检查顺序依次为 user 表、db 表、tables_priv 表、columns_priv 表,即先检查 user 表,如果对应权限字段值为 Y,则此用户对所有数据库的权限都为 Y,将不再检查 db 表、tables_priv 表和 columns_priv 表;若值为 N,则将检查 db 表中此用户对具体数据库的权限,如果对应权限字段值为 Y,就不再检查其他表;若值为 N,则按上述顺序继续检查其他表,所有权限表都检查完毕,还没有找到允许的权限操作,MySQL 将返回错误信息,用户操作失败。

17.2 MySQL 账户管理

账户管理是 DBA 重要的日常工作之一,主要包括账户创建、密码修改、账户删除等操作。用户要连接 MySQL 服务器并进行相应的操作,首先需要创建账户。

17.2.1 创建账户

在 MySQL 8 中,要先创建用户再进行赋予权限,即不能直接使用 grant 语句创建账户并同时赋予权限,而是使用 create user 语句先创建账户。

17.2.1 创建
账户

语句格式如下:

```
create user 'username'@'host' [identified by 'password'];
```

参数说明

- username:将创建的用户名。
- host:允许登录的用户主机名称。
- password:该用户的登录密码,密码可以为空,表示不需要密码就可以登录服务器,密码将在 user 表中以密文的形式保存。

【例 17-1】 创建账户,用户名为 user1,密码是 123456,主机名是本地主机 localhost。SQL 语句如下:

```
create user 'user1'@'localhost' identified by '123456';
```

命令成功执行后,使用 select 语句查看 user1 用户信息,执行结果如图 17-1 所示。

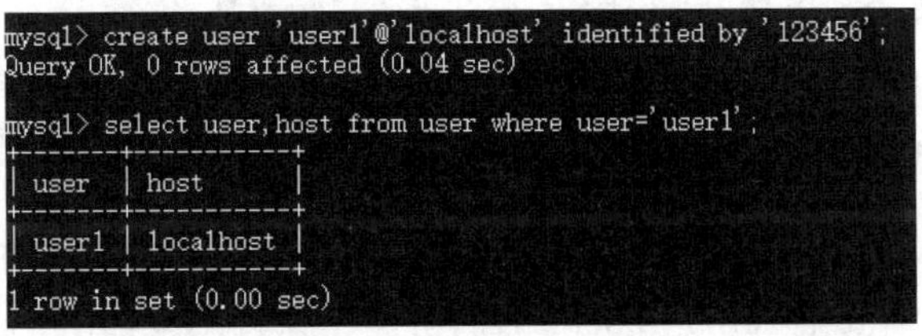

图 17-1　创建账户 user1

创建完该账户后,就可以在 user 表中查看该账户的信息,也可以用该用户登录 MySQL 服务器,进行验证,如果登录成功,表示账户创建成功。使用该用户登录 MySQL 服务器语句如下:

```
mysql -u user1 -p123456
```

登录过程如图 17-2 所示。

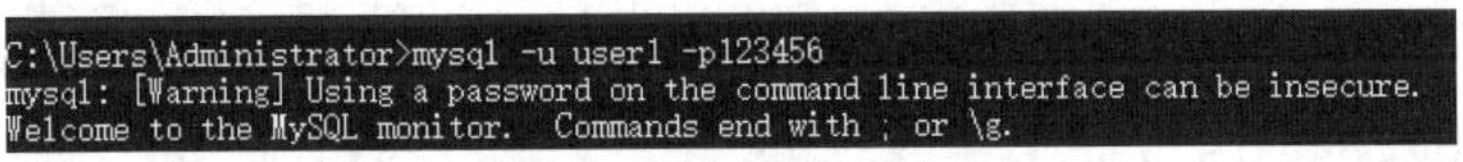

图 17-2　账户 user1 登录

【例 17-2】　创建账户,账户名为 user2,密码是 abcd,主机 IP 地址为 192.168.1.101。SQL 语句如下:

```
create user 'user2'@'192.168.1.101' identified by 'abcd';
```

【例 17-3】　创建账户,账户名为 user3,主机是 192.168.1.111,无密码。

```
create user 'user3'@'192.168.1.111';
```

【例 17-4】　创建账户 user4,密码为 mysql,可以从任何主机登录。

```
create user  'user4'@'%'  identified by 'mysql';
```

17.2.2　修改账户密码

创建完账户后,如果要修改账户密码,方法也有多种。

1. 使用 mysqladmin 修改密码

语句格式如下:

```
mysqladmin -u username -h host -p password "newpassword";
```

参数说明

- username:要修改密码的用户名。
- host:要修改账户对应的主机,默认为 localhost。

17.2.2 修改
账户密码

- newpassword：修改后的密码。

提示：该语句是 dos 系统下的命令，不用进入 MySQL 执行。

【例 17-5】　将 user1 用户名的密码修改为 admin。

SQL 语句如下：

```
mysqladmin -u user1 -p password  "admin"
```

执行该命令后，需要输入用户 user1 的旧密码。执行结果如图 17-3 所示。

```
C:\Users\Administrator>mysqladmin -u user1 -p password "admin"
Enter password: ******
mysqladmin: [Warning] Using a password on the command line interface can be insecure.
Warning: Since password will be sent to server in plain text, use ssl connection to ensure password safety.
```

图 17-3　使用 mysqladmin 更改密码

2. 使用 set password 语句修改密码

该语句和 mysqladmin 语句不同，它是一个 MySQL 内部命令，需要进入 MySQL 执行，执行过程中不需要输入旧密码。

语句格式如下：

```
set password for 'username'@'host'='newpassword';
```

参数说明

- username：要修改密码的用户名。
- host：要修改账户对应的主机。
- newpassword：修改后的密码。

【例 17-6】　将 user1 用户名的密码修改为 good。

SQL 语句如下：

```
set password for 'user1'@'localhost'='good';
```

执行结果如图 17-4 所示。

```
mysql> set password for 'user1'@'localhost'='good';
Query OK, 0 rows affected (0.12 sec)
```

图 17-4　使用 set password 更改密码

如果更改自己的密码，可以省略 for 语句。

语句格式如下：

```
set password = 'newpassword';
```

【例 17-7】　将当前登录用户 user1 的密码修改为 8888。

SQL 语句如下：

```
set password = '8888';
```

3. 使用 alter user 语句修改密码

语句格式如下：

```
alter user 'username'@'host' identified by 'newpassword';
```

【例 17-8】 将账户 user1 的密码修改为 hello。

SQL 语句如下：

```
alter user 'user1'@'localhost' identified by 'hello';
```

执行结果如图 17-5 所示。

```
mysql> alter user 'user1'@'localhost' identified by 'hello';
Query OK, 0 rows affected (0.06 sec)
```

图 17-5 使用 alter user 更改密码

17.2.3 删除账户

在 MySQL 8 中，可以使用 drop user 删除账户，也可以使用 delete 语句直接从 mysql.user 表中删除账户。

17.2.3 删除
账户

1. 使用 drop user 删除账户

语句格式如下：

```
drop user 'username'@'host';
```

说明

- 要使用该命令删除账户，当前账户必须拥有 mysql 数据库的 create user 和 delete 全局权限。
- 删除的账户必须以 username@host 形式给出。

【例 17-9】 删除账户名 user1，主机名是本地主机 localhost。

SQL 语句如下：

```
drop user 'user1'@'localhost';
```

执行结果如图 17-6 所示。

```
mysql> drop user 'user1'@'localhost';
Query OK, 0 rows affected (0.06 sec)
```

图 17-6 使用 drop user 删除账户

2. 用 delete 语句删除账户

语句格式如下：

```
delete from mysql.user where user='username' and host='hostname';
```

【例 17-10】　使用 delete 语句删除账户名 user2，主机 IP 地址为 192.168.1.101。
SQL 语句如下：

```
delete from mysql.user where user='user2' and host='192.168.1.101';
```

执行结果如图 17-7 所示。

```
mysql> delete from mysql.user where user='user2' and host='192.168.1.101';
Query OK, 1 row affected (0.08 sec)
```

图 17-7　使用 delete 删除账户

17.3　MySQL 账户权限管理

使用 create user 语句创建账户后，该账户只有 usage 权限，只能登录 MySQL 服务器，没有其他任何权限，如需要对数据库或表进行操作，还需要使用 grant 语句赋予账户相应权限。

17.3.1　账户授权

语句格式如下：

```
grant priv_type [(column_list)] [, priv_type [(column_list)]] ...
on [object_type] priv_level
to user [, user] ...
[with grant option]
```

17.3.2 权限
查看

参数说明

- priv_type：表示赋予用户的权限类型，可以是 create、select、update 等权限。若赋予所有权限，可用 all privileges 表示。
- column_list：表示权限作用于哪些列上，如果不指定该参数，表示作用于表中所有列。
- object_type：表示授权作用的对象类型，包括 table、function、procedure 等类型，可省略。
- priv_level：表示权限级别，取值可以为{ * | *.* | db_name.* | db_name.tbl_name| tbl_name| db_name.routine_name}中的一个，其中，* 表示所有数据库或所有表。
- user：授予权限的用户
- with grant option：可选参数，该子句表示可以将用户拥有的权限授予其他用户。
以下实例对应账户若不存在，请先创建。

【例 17-11】　将所有数据库中所有表的 select 权限授予账户'user1'@'localhost'。

SQL 语句如下：

```
grant select on *.* to 'user1'@'localhost';
```

执行结果如图 17-8 所示。

```
mysql> grant select on *.* to 'user1'@'localhost';
Query OK, 0 rows affected (0.07 sec)
```

图 17-8　授予账户全局级权限

使用 select 语句查看 user 表中该用户的权限情况，语句如下：

```
select * from mysql.user where user='user1' and host='localhost' \G;
```

其中\G 表示字段以行的方式显示，执行结果如图 17-9 所示。

```
mysql> select * from mysql.user where user='user1' and host='localhost' \G;
*************************** 1. row ***************************
                  Host: localhost
                  User: user1
           Select_priv: Y
           Insert_priv: N
           Update_priv: N
           Delete_priv: N
           Create_priv: N
```

图 17-9　查看账户权限

【例 17-12】　将对 student 数据库中所有表的增、删、改、查权限授予账户 user2@192.168.1.101。

SQL 语句如下：

```
grant select,update,insert,delete on student.* to 'user2'@'192.168.1.101';
select * from mysql.db where user='user2' and host='192.168.1.101'\G;
```

执行结果如图 17-10 所示。

```
mysql> grant select,update,insert,delete on student.* to 'user2'@'192.168.1.101';
Query OK, 0 rows affected (0.17 sec)

mysql> select * from mysql.db where user='user2' and host='192.168.1.101' \G;
*************************** 1. row ***************************
                 Host: 192.168.1.101
                   Db: student
                 User: user2
          Select_priv: Y
          Insert_priv: Y
          Update_priv: Y
          Delete_priv: Y
          Create_priv: N
            Drop_priv: N
```

图 17-10　授予账户数据库级权限

修改用户信息或者权限后，如果想不重启 MySQL 服务而使修改的内容直接生效，那么就需要执行 flush privileges 语句。

语句格式如下：

```
flush privileges;
```

17.3.2　权限查看

对账户授权后,如何查看该账户所拥有的权限呢?有以下两种方法。

1. 使用 show grants 语句查看权限

语句格式如下:

```
show grants for 'username'@'host';
```

参数说明

- username:表示登录的账号名称。
- host:表示登录的主机名称或 IP 地址。

【例 17-13】　查看账户 user1@localhost 的权限信息。
SQL 语句如下:

```
show grants for 'user1'@'localhost';
```

执行结果如图 17-11 所示。

如图 17-11 所示,返回结果第一行显示 user1 的账户信息,接下来的行以 grant select on 关键字开头,表示用户被授予 select 权限,*.* 表示该 select 权限作用于所有数据库中的所有表。

如果一个用户被创建后没有其授予权限,其默认具有一个 usage 权限,usage 权限表示无权限,但可以登录 MySQL 服务器。如 user4@%,就是这样一个用户,其权限查询结果如图 17-12 所示。

图 17-11　查看账户权限

图 17-12　未授权账户

2. 查询 user 表、db 表、tables_priv 表相关字段信息

给账户设置好权限后,这些权限信息被保存在 user 表、db 表、tables_priv 表和 columns_priv 表等权限表的相关字段中,即对应权限字段的值为 Y。若查询账户全局级的权限,需要查询 user 表;而要查询数据库级的权限,就要从 db 表中进行查询。

语句格式如下:

```
select privileges_list from mysql.dbname where user='username' and host='host';
```

参数说明

- privileges:表示要查询的权限字段,可以为 select_priv、update_priv 等表示权限

的字段。
- dbname：表示存放权限信息的表，如 user 表、db 表等。
- username、host：表示要查询的账户名称和主机信息。

【例 17-14】 查询用户 user1@localhost 是否具有全局级的对数据库插入权限。

SQL 语句如下：

```
select user, insert_priv from mysql.user where user='user1' and host=
'localhost' \G;
```

执行结果如图 17-13 所示。

```
mysql> select user, insert_priv from mysql.user where user='user1' and host='localhost'\G;
*************************** 1. row ***************************
      user: user1
insert_priv: N
1 row in set (0.00 sec)
```

图 17-13 从权限表中查看权限信息

如图 17-13 所示，user 表中用户 user1 的 insert_priv 字段值为 N，这表示该用户不具有全局级的数据库的 insert 权限。

17.3.3 撤销账户权限

使用 grant 语句赋予用户授予权限后，可以使用 revoke 语句收回用户权限。revoke 有两种语法格式。

17.3.1 账户
授权

1. 第一种是收回用户的所有权限，包括全局层级、数据库层级、表层级和列层级的权限

语句格式如下：

```
revoke all [privileges],grant option from user [,user] ...
```

参数说明
- user 为用户名和主机的表示方法，即为 username@host。

【例 17-15】 将用户 user1@localhost 所有权限收回。

SQL 语句如下：

```
revoke all privileges ,grant option from 'user1'@'localhost';
```

执行结果如图 17-14 所示。

由上图可以看出，执行该命令，使用 revoke 回收账户 user1@localhost 所有权限后，账户还保留一个 usage 权限，usage 权限不能被收回，表示可以登录 MySQL 服务器。

2. 第二种用法是收回账户指定的权限

语句格式如下：

图 17-14　撤销账户权限并查看

```
revoke priv_type [(column_list)][,priv_type [(column_list)]] ...
on [object_type] priv_level from user [,user] ...
```

参数说明

- priv_type：表示权限类型。
- columns_list：表示权限作用于哪些列上，不指定该参数，表示作用于整个表。
- object_type：表示对象类型，可选项，其值可为{TABLE｜FUNCTION｜PROCEDURE}中的某一个。
- priv_level：权限对应的级别，其值可为集合{ * ｜ *.* ｜ db_name.* ｜ db_name. tbl_name｜ tbl_name｜ db_name.routine_name}中的某一个， * 通配符表示所有数据库或所有表。

【例 17-16】　将账户 user2@ 192.168.1.101 对 student 数据库的 insert 和 update 权限收回。

SQL 语句如下：

```
revoke insert,update on student.* from 'user2'@' 192.168.1.101';
```

执行结果如图 17-15 所示。

图 17-15　撤销账户 insert 和 update 权限

　　由上图可以看出，revoke 撤销账户权限前，账户 user2@ 192.168.1.101 具有对 student 数据库的 select、insert、update 和 delete 权限，使用 revoke 撤销账户权限后，账户只剩下 select 和 delete 权限。

17.3.4　更改账户权限

　　使用 grant 语句授予账户权限后，如要更改用户的权限，可以通过两种方法修改权限。

17.3.4 更改
账户权限

1. 修改权限表 user、db、tables_priv、columns_priv 中的相关字段

　　权限表 user、db、tables_priv、columns_priv 中存放有账户的权限信息，对用户授权成功后，权限表中对应字段值将变为"Y"，因此，可以通过修改权限表中相关字段值来实现对账户权限的修改。

　　【例 17-17】　假设用户 user1@localhost 现在具有对 student 数据的查询和修改的权限，现在要求将权限变更为查询和插入。完整代码如下：

```
revoke select on *.* from 'user1'@'localhost';
grant select,update on student.* to 'user1'@'localhost';
show grants for 'user1'@'localhost';
update mysql.db set update_priv='N',insert_priv='Y' where user='user1' and db='student';
flush privileges;
show grants for 'user1'@'localhost';
```

2. 使用 grant 和 revoke 语句，实现对用户权限的新增和撤销，从而实现对用户权限的修改

　　【例 17-18】　假设用户 user1@localhost 现在具有对 student 数据的查询和修改的权限，现在要求将权限变更为查询和插入。

　　先将用户 user1@localhost 的修改权限收回。

```
revoke update on student.* from 'user1'@'localhost';
```

　　再将插入权限授予给用户 user1@localhost。

```
grant insert on student.* to 'user1'@'localhost';
```

　　完整代码如下：

```
revoke all privileges,grant option from 'user1'@'localhost';
grant select,update on student.* to 'user1'@'localhost';
show grants for 'user1'@'localhost';
revoke update on student.* from 'user1'@'localhost';
show grants for user1'@'localhost';
grant insert on student.* to 'user1'@'localhost';
```

```
show grants for 'user1'@'localhost';
```

17.3.5 账户安全措施

对于任何数据库来说,安全问题都是非常重要的问题,其中的数据不应该被泄露和窃取,否则会造成一些难以估量的后果。为有效保证数据库的安全,可以采取一些有效的方法和措施。

1. 避免以 root 用户运行 MySQL

root 作为系统的超级用户,具有 MySQL 数据库中的一切权限。在 Linux 中,MySQL 安装完成后,一般会将数据目录属主设置为 MySQL 用户,而将 MySQL 软件目录属主设置为 root,这样当 MySQL 用户启动数据库时,可以防止任何具有 file 权限的用户能够用 root 账户创建文件。如果使用 root 用户启动数据库,则任何具有 file 权限的用户都可以读写 root 用户的文件,从而给系统安全带来威胁。

2. 删除匿名账户

某些 MySQL 版本中,安装完 MySQL 后,会自动安装一个空账户,此账户对 test 数据库具有全部权限。用户直接使用 mysql 命令登录后,可以对 test 数据库进行任何操作,如创建表并导入大量数据,从而造成数据库的安全隐患。在 MySQL 8 中,test 数据库已经被取消。

3. 设置安全密码

密码的安全性体现在以下两个方面。

(1) 设置安全。建议密码由普通字符和特殊字符组合而成,长度不宜过短。简单来说,越复杂、越没有规律的密码越安全。几种不安全的密码设置方法包括与用户相同,是账户、手机号或证件号的一部分,一些有规律的字符,与账户身份相关的信息等。

(2) 使用安全。是指在密码使用过程中要保证安全,不泄露。在账户进行登录时,密码使用有以下三种方式。

① 直接在命令行中提供密码。

```
mysql -uroot  -p1234
```

这种方式下,密码直接以明文的形式给出,容易造成密码的泄露。

② 交互方式输入密码。

这种方式下,用户通过命令行登录时,只给出-p 参数,而不提供密码,回车后再以密文的形式输入密码,不容易被窃取。如图 17-16 所示。

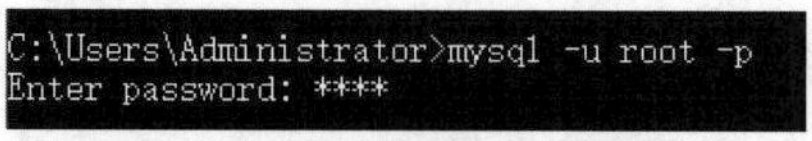

```
C:\Users\Administrator>mysql -u root -p
Enter password: ****
```

图 17-16 账户交互式登录

③ 将用户名和密码写在配置文件里,连接的时候进行自动读取。可以在 my.ini 文件中的 client 部分设置连接信息。

```
[client]
user=username
password=password
```

对于这种方式,需要将配置文件设置严格的存取权限,以防止用户的密码泄露。

4. 只授予账户必需的权限

对于不同的账户,应该根据账户的身份信息,赋予相应权限。对于普通用户,最好赋予表层级或列层级的权限,权限越具体,对数据库就越安全。很多情况下,MySQL 管理员不考虑用户的具体需求,经常赋予用户 all privileges 权限,all privileges 里面的权限远超一般用户所需要的权限,因此,带来的危险就很大。

5. 严格控制 mysql 库中 user 表的存取权限

账户的身份信息及全局权限信息都保存在 user 表中,如果允许其他用户可以直接对 user 表进行增加、删除、修改、查询操作,将会对所有用户的身份信息或权限信息构成严重威胁,如一旦修改了其他用户的登录密码,则会造成其他用户不能登录 MySQL。

6. drop table 命令安全问题

当删除表时,其他用户对此表的权限并没有被收回,这样导致重新创建同名的表时,以前其他用户对此表的权限照样有效,这样就产生权限外流,会造成该表的安全隐患,因此,在删除表时,要同时取消其他用户在此表上的相应权限。

7. load data local 安全问题

load data 默认读的是服务器上的文件,加上 local 参数后,就可以将本地具有访问权限的文件加载到数据库中,这在带来方便的同时,也会带来以下安全问题:

- 可以任意加载本地文件到数据库。
- 在 Web 环境中,客户从 Web 服务器连接,用户可以使用 load data local 语句来读取 Web 服务器进程有读访问权限的任何文件。

解决方法是可以用--local-infile=0 选项启动 mysqld,从服务器端禁用 load data local 命令。

17.4　综合应用案例

本节将通过一个完整实例演示账户创建、密码修改、账户删除、账户授权、权限查看、权限更改和回收等操作。以下为具体操作过程。

(1) 创建四个本地 MySQL 账户 jsj1、jsj2、jsj3、jsj4,密码均为 12345678,代码如下。

```
create user 'jsj1'@'localhost' identified by '12345678';
```

```
create user 'jsj2'@'localhost' identified by '12345678';
create user 'jsj3'@'localhost' identified by '12345678';
create user 'jsj4'@'localhost' identified by '12345678';
```

创建完账户后,可以用如下代码进行查看,结果如图 17-17 所示。

```
select user,host from mysql.user where user like 'jsj%';
```

```
mysql> select user,host from mysql.user where user like 'jsj%';
+------+-----------+
| user | host      |
+------+-----------+
| jsj1 | localhost |
| jsj2 | localhost |
| jsj3 | localhost |
| jsj4 | localhost |
+------+-----------+
4 rows in set (0.00 sec)
```

图 17-17　查询创建账户

(2) 将 jsj3 的密码改为 87654321,代码如图 17-18 所示。

```
mysql> set password for 'jsj3'@'localhost'='87654321';
Query OK, 0 rows affected (0.12 sec)
```

图 17-18　修改账户密码

(3) 将账户 jsj4 删除,代码如图 17-19 所示。

```
mysql> drop user 'jsj4'@'localhost';
Query OK, 0 rows affected (0.09 sec)
```

图 17-19　删除账户 jsj4

(4) 用户授权。

① 授予 jsj1 账户为数据库级用户,拥有对 student 数据库所有权限,并查看该用户的权限,代码如图 17-20 所示。

```
mysql> grant all privileges on student.* to 'jsj1'@'localhost';
Query OK, 0 rows affected (0.08 sec)

mysql> show grants for 'jsj1'@'localhost';
+------------------------------------------------------------+
| Grants for jsj1@localhost                                  |
+------------------------------------------------------------+
| GRANT USAGE ON *.* TO `jsj1`@`localhost`                   |
| GRANT ALL PRIVILEGES ON `student`.* TO `jsj1`@`localhost`  |
+------------------------------------------------------------+
2 rows in set (0.00 sec)
```

图 17-20　为账户 jsj1 授权并查看

② 授予 jsj2 账户为表级用户,拥有对 student 数据库中 student 表的 select、insert 和 drop 权限,并查看该用户的权限,代码如图 17-21 所示。

③ 授予 jsj3 账户为列级用户权限,拥有对 student 库中 student 表的 sname 列的

图 17-21 为账户 jsj2 授权并查看

select 和 update 权限,并查看该用户的权限,代码如图 17-22 所示。

图 17-22 为账户 jsj3 授权并查看

(5)权限收回。

① 收回 jsj1 的所有权限,代码如图 17-23 所示。

图 17-23 收回账户 jsj1 的所有权限

② 收回 jsj3 用户对 student 库中 student 表的 sname 列的 update 权限,代码如图 17-24 所示。

图 17-24 收回账户 jsj3 的列权限

(6)将账户 jsj2 的权限变更为对 student 数据库中 student 表和 course 表的 select 和 delete 权限,这个权限修改过程可通过以下两步完成。

① 先收回 jsj2 的所有权限,代码如图 17-25 所示。

图 17-25 回收账户 jsj2 权限

② 再给 jsj2 分配权限,代码如图 17-26 所示。

```
mysql> grant select,delete on student.student to 'jsj2'@'localhost';
Query OK, 0 rows affected (0.07 sec)

mysql> grant select,delete on student.course to 'jsj2'@'localhost';
Query OK, 0 rows affected (0.20 sec)
```

图 17-26　为账户 jsj2 重新授权

单元训练

一、填空题

1. MySQL 服务器通过权限表来控制用户对数据库的访问,其中存放数据库层级权限信息的表为_____。在该表中,与用户列有关的字段有_____。

2. MySQL 权限系统中相关权限分为 5 个层级,分别为_____、_____、_____、列层级和子程序层级。

3. 对于账户'zhang'@'ccd.edu.cn',其中主机为_____。

4. 对用户授予权限时,使用_____命令;撤销用户权限时,使用_____命令。

5. 在授予表权限时,ON 关键字后面跟的是_____。

二、选择题

1. 下面( )权限表,存放的是表层级权限。

   A. user   B. db   C. tables_priv   D. columns_priv

2. 已知账户'zhang'@'192.168.2.%',下面说法错误的是( )。

   A. 可以使用 create user 'zhang'@'192.168.2.%'语句创建

   B. 用户 zhang 可以从 192.168.2 这个 C 类子网中的任何主机连接 MySQL

   C. 如果再创建一个'zhang'@'192.168.2.100'账户,系统会出现错误提示

   D. 使用 drop user 'zhang'@'192.168.2.%'可以删除该账户

3. 下面更改账户'zhang'@'192.168.2.100'密码的语句,错误的是( )。

   A. set password for 'zhang'@'192.168.2.100' = 'hello';

   B. mysqladmin -u zhang -p password "hello"

   C. alter user 'zhang'@'192.168.2.100' identified by 'hello';

   D. set password 'hello' to 'zhang'@'192.168.2.100';

4. 对于以下授权语句,执行成功后,该账户的权限级别为( )。

grant insert,delete on student. * to 'user2'@'192.168.1.88' ;

   A. 全局层级   B. 数据库层级   C. 表层级   D. 列层级

5. 要授予或撤销账户'user1'@'localhost'对 testdb 库中 sales 表的 select 权限,下面语句正确的是( )。

   A. grant select for testdb.sales to 'user1'@'localhost';;

   B. grant select on testdb.sales for 'user1'@'localhost';

   C. revoke select on testdb.sales to 'user1'@'localhost';

D. revoke select for testdb.sales from 'user1'@'localhost';

三、操作题

1. 创建账户'wangw'@'localhost',密码为 123,然后登录测试,将其密码修改为 abc,再登录测试,最后删除该账户。

2. 创建账户'smith'@'localhost',密码为 taobao,然后为该账户分配权限,即对 student 数据库中 student 表和 course 表具有 select 的权限,而对 score 表具有 select 和 update 权限;接着查看该账户的权限信息;再将对 score 表的 update 权限收回;最后再次查看该账户的权限信息。

单元十七自测题

期末自测题

参 考 文 献

[1] 王丽艳.数据库原理及应用[M].北京：机械工业出版社,2013.2.

[2] 尹为民.数据库原理与技术[M].2版.北京：科学出版社,2010.10.

[3] 苗雪兰.数据库系统原理与应用教程[M].2版.北京：机械工业出版社,2004.3.

[4] 唐汉明.深入浅出 MySQL：数据库开发、优化与管理维护[M].2版.北京：人民邮电出版社,2014.1.

[5] 郑阿奇.MySQL 实用教程[M].3版.北京：电子工业出版社,2018.10.

[6] 聚慕课教育研发中心.MySQL：从入门到项目实践[M].北京：清华出版社,2018.9.

[7] 王立萍.SQL Server 数据库技术及应用[M].北京：高等教育出版社,2018.10.